세밀화로 보는
한국의 야생화

세밀화로 보는
한국의 야생화

지은이_ 윤경은 · 한국식물화가협회

1판 1쇄 발행_ 2012. 9. 11.
1판 4쇄 발행_ 2023. 6. 1.

발행처_ 김영사
발행인_ 고세규

등록번호_ 제406-2003-036호
등록일자_ 1979. 5. 17.

경기도 파주시 문발로 197(문발동) 우편번호 10881
마케팅부 031)955-3100, 편집부 031)955-3200, 팩스 031)955-3111

저작권자 ⓒ 윤경은 · 한국식물화가협회
이 책의 저작권은 저자에게 있습니다. 저자와 출판사의 허락 없이
내용의 일부를 인용하거나 발췌하는 것을 금합니다.

값은 뒤표지에 있습니다.
ISBN 978-89-349-5885-7 03480

홈페이지_ www.gimmyoung.com   블로그_ blog.naver.com/gybook
인스타그램_ instagram.com/gimmyoung   이메일_ bestbook@gimmyoung.com

좋은 독자가 좋은 책을 만듭니다.
김영사는 독자 여러분의 의견에 항상 귀 기울이고 있습니다.

세밀화로 보는

한국의 야생화

윤경은
·
한국식물화가협회

김영사

들을 지나다 예쁜 풀꽃을 만나면 늘 어린 시절 작은언니와 함께 갔던 사자암 길이 떠오른다. 그 시절 뛰놀던 곳이 이제는 상전벽해가 된 격으로 다 변해 사자암이라는 절이 지금도 존재하는지조차 모르지만, 내 머릿속에는 사자암으로 가던 아름다운 꽃길이 여전히 존재한다.

   사자암은 당시 우리집이 있던 영등포구 대방동(지금은 동작구)에서 꽤 먼 곳에 있던 절로 기억한다. 서대문구 홍파동(지금은 종로구)에 살다가 아버지 공장 때문에 대방동으로 이사한 뒤 엄마 아버지를 따라 사자암으로 소풍을 가기도 했지만, 특히 작은언니를 따라 사자암으로 갈 때 본 길은 지금도 기억 속에 선명하게 남아 있는 꽃길이다.

   나보다 여섯 살이나 위인 작은언니는 당시 여고생이었다. 언니는 도시락을 싸들고 나를 비롯해 여동생 셋을 앞세워 사자암까지 꽤 먼 길을 곧잘 나섰다. 그 길 위에서 시집, 꽃말 등이 적혀 있는 책, 학교 교지 '거울' 등을 우리에게 읽어주곤 했다. 그 시절의 고등학생들은 입시나 기타 공부에 대한 압박이 지금보다 적었기 때문인지 모두 문학소녀들이었던 것 같다. 영화(주로 외국 영화)를 보고는 화보를 사들고 와 감상문과 주연배우에 대한 정보를 깨알같이 적어두는가 하면, 책을 구입하기가 쉽지 않던 때라 시집을 서로 돌려보며 노트를 만들어 감상을 교환했고, 방학 중에는 긴 편지를 주고받으며 글쓰기를 즐겼다.

그날도 사자암 근처 풀밭에서 언니는 우리에게 자신이 감명 깊게 읽은 책을 읽어주고 해설을 곁들였다. 특히 그때까지 생각도 못했던 꽃에 얽힌 전설과 꽃말은 초등학생인 나에게 너무도 신기한 이야기였다. 점심을 먹고 나서는 제비꽃을 따 꽃반지를 만들며 언니가 읽어준 제비꽃 등에 대한 이야기를 서로 나누면서 해가 지는지도 모르고 놀았다.

사자암으로 가는 그 길에 어느 계절에는 보라색 도라지꽃이 많이 피었는지, 중학생이 된 후에도 꿈을 꾸면 가끔 이삭이 바람에 흔들리는 보리밭 너머 보라색 꽃이 멀리 보이는 그림 같은 장면이 생생히 보이곤 했다. 그 꿈 이야기를 친구들에게 하면, 꿈은 흑백으로 보이는 게 정상이지 천연색으로 보이면 정신적으로 문제가 있는 것이라고들 말해 걱정을 하기도 했던 기억이 난다. 지금은 물론 천연색 영상물을 하도 많이 보아 그런 말은 하지도 않겠지만, 그 시절에는 꿈에서 녹색과 보라색이 확연히 대비된 장면을 보는 내가 확실히 이상한 아이였다.

아직 개발이 되지 않은 역촌동으로 이사했을 때는 주위 어디서든 쉽게 할미꽃이나 들국화 등 들꽃을 쉽게 접할 수 있었다. 특히 가을이 되면 억새풀과 보라색·연분홍색·흰색 들국화를 꺾으러 벌판을 헤매곤 했다.

이런 기억은 나뿐만이 아니라 우리 세대 누구나 공유하는 아름다운 추억일 것이다. 하지만 그렇게 야생화를 쉽게 접할 수 있는 환경에서 살았기 때문일까? 우리는 한동안 야생화는 하찮게 여기고 꽃집에서 파는 특이한 꽃, 정원에서 재배하는 화려한 꽃에만 온통 관심을 기울이고 좋아했다.

1980년대 초 독일 국립바이러스연구소(Institute für Planzenviologie Microbiologie und biologische Sicherheit)의 레제만 박사(Prof. Dr. Lesemann)가

내한했을 때 설악산을 안내했다. 그는 독일인들의 야생화 애호에 대해 많은 이야기를 하고, 자신이 속한 야생화동호회 활동을 소개했다. 서울로 돌아오는 길에는 한국의 야생화를 더 보고 싶다고 해서, 늘 다니던 산행길이 아닌 미시령 쪽 산길을 타니 이제껏 보지 못한 노란색 제비꽃을 비롯해 다양한 야생화를 발견할 수 있었다. 그가 독일에 돌아가 만들어 보내준 달력에는 한국의 야생화와 소를 모는 농부 등 우리 농촌 풍경 사진으로 열두 달이 채워져 있었다(독일에서는 개인 달력을 만들 수 있도록 사진이나 그림 난이 비어 있는 달력을 팔고 있다). 그의 정성과 새로운 시선이 깃든 그 달력을 받은 이후 나도 우리 들의 야생화에 눈길을 주기 시작했고 점점 애착을 느끼게 되었다.

뒤늦게 배우기 시작한 꽃그림은 나에게 새로운 눈을 뜨게 해주었다. 이제까지 무심히 보고 지나치던 풀꽃과 잎, 낙엽 진 교목의 가지에서도 아름다움을 찾을 수 있게 되었다. 꽃을 비롯한 식물의 세세한 부분을 묘사하는 세밀화는 사진기가 발전하기 전 식물의 특성을 기록하기 위해 시작되었지만, 사진기가 극도로 발전한 현재에도 세밀화가 사랑을 받는 것은 꽃을 보는 각도나 위치를 달리하면서 사진기가 표현하지 못하는 부분까지 그려낼 수 있기 때문이다. 유명 식물학 사전을 보면 사진과 함께 세밀화를 등재해 식물의 특성을 더욱 확실하게 보여준다. 최근에는 식물의 특성을 기록하기 위한 식물화(botanical illustration)뿐만 아니라 작가의 창작 의도가 가미된 식물화(botanical art)로도 발전하고 있다.

독일과 영국을 비롯한 유럽에서 시작된 식물화는 긴 역사를 가지고 있지만 우리나라는 그 역사가 그리 길지 않다. 2007년에 '한국식물화가협회'가 발족해 매년 회원의 정기전, 일반인을 포함한 공모전을 여는 등 활발하게 활동하고 있다. 2009년에는 세밀화 저변 확대를 위한 활동의 일환으로 야생화 다이어리를 김영사에서 발간하기도 했다.

　이런 회원들의 작품을 보다 많은 사람에게 보이고 또 우리 야생화에 대한 관심을 일으키기 위해 이 책을 펴내게 되었다. 아름다운 야생화 그림을 보면서 우리 꽃에 대해 새로운 인식을 갖고, 우리 꽃 보전 필요성을 공감하고, 기초적인 재배법을 터득할 수 있기를 바라는 마음으로 준비했다.

　야생화를 공부하면서 거의 대부분이 약용으로 오래전부터 사랑을 받았고 오늘날까지도 한방에서 활용하고 있다는 점이 신기했다. 그 효능이 워낙 다양해서 다소 의심스럽기도 했는데, 약용식물 사전을 보니 그 유효성분을 분석해 약효를 강조하고 있었다. 대부분의 성분이 식물이 자신을 보호하기 위해 생성한 2차 대사물질인데, 이것이 우리에게 유용한 성분임을 선조들은 경험을 통해 알고 있었다. 야생화는 이처럼 생약성분을 비롯해 다양한 신소재 물질을 뽑아낼 수 있는 귀한 자원이라는 것을 보다 많은 사람이 알고 관심이 모아지기를 바란다.

　이 책을 펴낼 수 있도록 훌륭한 작품을 마련해준 한국식물화가협회 회원 여러분에게 감사를 전한다. 특히 작품의 완성을 위해 세밀하게 지도를 해주신 서울여자대학교 플로라아카데미의 권영애 교수님의 노고에 깊은 감사를 드린다. 봄을 알리는 바람꽃, 노루귀 사진을 제공해주신 한승국님의 따뜻한 마음에 감사한다. 또한 회원들 그림의 작품성을 알아보고 출판을 결정해준 김영사 박은주 대표님과 편집진께 감사한다.

2012. 윤경은

| 차례 |

3. 여름에 피는 야생화

4. 가을에 피는 야생화

사진_윤정은

야생화
기르기

1

어떤 야생화를 키울까?

무엇을 야생화라 하는가?

야생식물의 사전적 의미는 '산이나 들에 저절로 나서 자라는 식물'이다. 우리나라에는 약 4,500종의 식물이 저절로 나서 자라고 있다. 이들이 우리나라에 '자생하는 식물(自生植物, native plants)'이며, 대부분 인위적으로 재배되지 않고 야생상태로 자란다. 그중 세계적으로 우리나라에서만 서식하는 우리 고유의 식물을 '특산식물(specialized plants)'이라고 부른다. 종종 '자생식물'과 '야생식물'이라는 용어가 구분없이 사용되기도 하는데, 안영희 교수는 야생식물은 재배식물과 반대되는 개념으로 야생상태에서 자라는 귀화식물을 포함한 모든 식물을 말하는 반면, 자생식물은 귀화식물에 상대적인 개념으로서 인위적으로 재배하지 않는 야생식물 가운데 귀화식물을 제외한 식물만을 일컫는 용어라고 정의했다.*

자생식물 중에는 식량작물, 임산자원, 약용식물 및 화훼작물로서의 가

---

* 안영희, 《한국의 자생식물》, p. 18, 김영사, 2008.

치가 있어 지속적으로 개발되고 있는 것이 많다. 특히 식물체 내에서 생산되는 2차 대사물질 중에는 의약품 및 기능성 물질의 신소재 등으로 매우 유용한 자원이 되는 것도 있기 때문에, 각 나라마다 유용 형질의 유전자원 확보에 많은 노력을 기울이고 있다. 그러나 안타깝게도, 세계적으로 식물 추적자들이 세계를 누빌 때 우리나라는 일제강점기와 한국전쟁 등의 혼란기를 겪느라 그 중요성을 미처 알지 못했기에, 우리의 귀중한 유전자원이 외국으로 유출되어 이제는 오히려 역으로 우리가 수입을 해야 하는 것도 있다.

일반적으로 우리가 보통 사용하는 '야생화'라는 이름은 과학적인 개념보다 야생식물 중 화훼적 관상가치가 있는 '들꽃'을 의미한다.

알맞은 야생화 선택하기

산행을 하다 뜻밖에 귀엽고 아름다운 야생화를 발견하면 마음이 설렌다. 어떻게 저렇듯 예쁜 꽃이 봐주는 사람도 별로 없는 한적한 곳에 외롭게 피었을까, 집으로 가져다 키우면 보다 많은 사람이 볼 수 있지 않을까 하는 생각이 자연스럽게 든다. 그러다가 야생화 전시회를 다녀오거나 야생화에 관한 방송을 보게 되면, 나도 한번 야생화를 길러봐야겠다는 생각이 더욱 굳어진다. 그러나 막상 시작하려고 하면 어떻게 해야 할지 엄두가 나지 않는다. 야생식물을 어디서 구하지? 산에 있는 것을 무작정 캐올 수도 없고…… 재배 방법은 또 어떻게 다를까?

사실 야생화 재배는 생각만큼 쉽지 않다. 야생화라는 이름에 걸맞게 들녘에서 아무 도움 없이도 혼자 잘 자라니, 우리집에서도 잘 자랄 거라고 생각하기 쉽다. 하지만 막상 집으로 데리고 오면 그렇게 쉽지가 않다. 야생화를 기르고자 할 때는 우선 다음과 같은 점들을 생각해봐야 한다.

나에게 맞는 야생화를 선택하자.

먼저 어디에 심을지를 생각한다. 정원인지 베란다인지 화분인지, 양지바른 곳인지 그늘진 곳인지 등을 고려해 적합한 종류를 정한다. 초보자라면 누구나 접근하기 쉽고 재배하기 간단한 식물부터 시작한다. 식물 기르기에 많은 시간을 투자할 수 없는 사람은 특히 손이 덜 가는 식물을 선택하는 것이 좋다.

재배할 야생화를 선택할 때는 식물의 자태에 매혹되어 즉흥적으로 결정하지 말고, 먼저 야생화에 대한 기본지식을 쌓는 노력부터 해야 할 것이다.

우량묘를 쉽게 구할 수 있는 것부터 시작하자.

희귀식물은 자연에서도 번식이 쉽지 않기 때문에 희귀한 것이므로 재배하기도 어렵다. 희귀식물이라는 매력 때문에 비싼 값을 치르고 구입했다가 실패하지 말고, 생태에 맞게 잘 길러진 우량묘를 구입해 야생화 기르는 재미를 맛보면서 차츰 어려운 식물 기르기에 도전하는 것이 좋다.

우량묘를 고르는 첫걸음은, 재배하고자 하는 식물이 꽃을 피우는 계절에 모종을 고르는 것이다. 즉, 봄에 꽃이 피는 야생화는 봄에, 여름과 가을에 피는 것은 각각 여름과 가을에 골라야 꽃의 색과 모양 등 특성을 잘 볼 수 있다. 꽃이 한두 송이 탐스럽게 피었고 싱싱한 꽃봉오리를 가진 식물로 잎과 줄기에 흠집이 없는 것을 고른다. 줄기가 가늘고 잎이 밑으로 처진 것은 우량묘가 아니다. 또 뿌리의 상태도 중요한데, 뿌리를 뽑아볼 수는 없으므로 지상부의 상태로 미루어 판단할 수밖에 없다. 화분에 심겨진 식물이 흔들리지 않고 흙에 단단하게 붙어 있는지 확인한다. 화분을 흔들 때 식물체가 흙과 따로 노는 것 같은 느낌을 주는 것은 뿌리가 제대로 활착하지 않았을 확률이 높으므로 피하는 게 좋다.

다양한 정보를 쉽게 얻을 수 있는 야생화를 고르자.

식물의 생태적 특성, 재배 방법, 구입 방법 등 다양한 정보를 쉽게 얻을 수 있는 야생화를 선택해야 한다. 야생화가 시중에 어떤 경로로 나왔는지를 아는 것도 중요하다. 산에서 채취해 파는 것인지, 혹은 외래종인지 확인할 수 있어야 한다. 산에서 마구 채취한 식물은 흔히 뿌리가 상해 활착에 어려움이 있을 뿐 아니라, 불법으로 채취한 경우가 많기 때문에 구입해서는 안 된다.

번식력과 크기를 감안하자.

번식력이 좋은 것은 생명력이 강해 비교적 척박한 땅에서도 잘 번져나간다. 야생화를 처음 정원에 들일 때는 이런 식물들이 공간을 빨리 채워고맙지만, 시간이 지나면서 이웃 식물의 영토까지 점유해 들어가기 시작

야생화의 크기

식물의 키	식물명
20cm 이하	가는잎할미꽃, 기린초, 나도양지꽃, 눈개쑥부쟁이, 두메부추, 돌나물, 돌단풍, 돌양지꽃, 둥근잎꿩의비름, 바위구절초, 바위솔, 바위취, 섬노루귀, 애기앉은부채, 좀비비추, 해국
20~50cm	각시둥굴레, 각시원추리, 개맥문동, 금낭화, 꽃창포, 꽃향유, 동의나물, 둥굴레, 맥문동, 산구절초, 삼지구엽초, 속새, 원추리, 은방울꽃, 일월비비추, 자란초, 자주꿩의비름, 층꽃풀, 털머위, 포천구절초, 한라구절초, 할미꽃
50~100cm	감국, 도라지, 말나리, 물레나물, 벌개미취, 범부채, 산국, 섬말나리, 섬초롱꽃, 연잎꿩의다리, 참나리, 큰용담, 털부처꽃, 털중나리, 톱풀, 하늘나리
100cm 이상	부들, 엉겅퀴, 중나리

하면 문제가 생긴다. 번식이 잘 되지 않아 애지중지하는 식물을 어느 사이에 물리치고 대신 자리를 차지하는 것들은 항상 조심해야 한다. 또 키가 너무 크게 자라는 것도 정원 전체의 균형을 깨뜨리거나 이웃한 식물에 그늘을 드리울 수 있으니, 엉겅퀴 같은 키 큰 야생화를 재배하고자 할 때는 이 점을 고려해야 한다.

생육기간을 고려하자.

매우 이른 봄에 개화하는 복수초, 얼레지, 노루귀, 처녀치마, 깽깽이풀, 삼지구엽초 등은 산림에서 큰 활엽수 밑에 자생하므로 나무에 잎이 돋아 그늘을 드리우기 전에 꽃을 피우고 바로 종자가 성숙하며 곧 잎마저 말라 버린다. 때문에 이들만 심은 정원은 귀여운 꽃들이 진 후에는 볼품이 없어 진다. 따라서 재배하고자 하는 야생화의 생육 특성을 공부해, 생육기간이 서로 다른 식물들을 섞어 심는 게 좋다. 한해살이나 두해살이 야생화는 매년 새로운 정원을 꾸밀 수 있다는 장점이 있지만, 시기에 맞춰 씨를 받고 뿌리고 관리해야 하는 번거로움이 따른다. 반면 여러해살이는 한번 심으면 여러 해 동안 같은 자리에서 계속 자라기 때문에 관리하기는 용이하지만, 처음 심을 때 여러 가지를 고려해 적당한 장소를 선택해야 한다.

꽃 피는 시기와 꽃의 색을 알자.

꽃이 피는 시기와 꽃의 색을 알아 잘 선택하면 1년 내내 다채로운 야생화를 즐길 수 있다. 야생화는 3월부터 피기 시작해 6~7월에 최성기를 맞는다. 가을에 꽃이 피는 것은 많지 않다. 이른 봄에 피는 꽃은 노란색이 많은데, 이에 대비되는 선명한 보라색 꽃도 볼 수 있다. 여름에는 붉은색 계열의 꽃이 많은데, 붉은색도 색채가 매우 다양하다.

꽃 피는 시기와 꽃색

꽃색 / 계절	흰색 계열	노란색 계열	붉은색(보라색) 계열
봄	남산제비꽃, 돌단풍, 둥굴레, 매화마름, 모데미풀, 산마늘, 연령초, 은방울꽃, 홀아비바람꽃	금새우난초, 노랑붓꽃, 노랑제비꽃, 돌나물, 동의나물, 미나리아재비, 민들레, 복수초, 양지꽃	고깔제비꽃, 금낭화, 깽깽이풀, 노루귀, 매발톱꽃, 붓꽃, 뻐꾹채, 앉은부채, 얼레지, 자란, 제비꽃, 처녀치마, 패모, 할미꽃, 현호색
여름	까치수염, 꿩의다리, 두메부추, 문주란, 물매화, 뻐꾹나리, 산작약, 옥잠화, 으아리, 풍란, 하늘타리, 해오라비난초	금불초, 기린초, 노랑만병초, 노랑물봉선, 두메양귀비, 마타리, 물레나물, 섬말나리, 원추리	금강초롱, 꽃창포, 노루오줌, 도라지, 무릇, 물봉선, 맥문동, 범부채, 부처꽃, 비비추, 산수국, 산작약, 상사화, 솔나리, 엉겅퀴, 용머리, 이질풀, 절굿대, 체꽃, 초롱꽃, 타래난초, 패랭이꽃, 해당화
가을	구절초, 바위솔	감국, 산국	꽃무릇, 쑥부쟁이, 용담, 층꽃나무, 해국

야생화를 어디에 심을까?

가꾸어 즐길 만한 야생화를 선택하기 전에 가꿀 장소를 결정해야 한다. 장소에 따라 재배 가능한 식물의 종류와 크기 등이 달라질 수 있다.

정원에 야생화 심기

대부분의 야생식물은 내랭성(耐冷性)이 강해 노지에서 겨울을 무난히 날 수 있다. 또 건조에도 강한 편이고 비교적 척박한 땅에서도 잘 자란다. 햇빛이 잘 들지 않아 화려한 일반 원예식물이 잘 자라지 못하는 곳에서도, 종류만 잘 선택하면 야생화로 어려움 없이 자연미 물씬 풍기는 은은한 정원을 꾸밀 수 있다.

대부분의 야생화가 숙근초(宿根草)이고 병충해에 강하며 생명력이 왕성하기 때문에 관리도 용이한 편이다. 또 야생식물은 꽃이나 잎을 보는 것 외에도 약용이나 식용 등으로 이용할 수 있으므로 정원에 심어 일석이조의 효과를 얻기도 한다.

정원에 심고자 할 때는 식물의 생태적 특성을 잘 아는 것이 중요하다.

담이나 축대 밑에 원추리 같은 야생화를 심
으면 정원의 분위기를 부드럽게 할 수 있다.

즉, 음지 또는 반음지에서 잘 자라는지, 건조한 곳 또는 습한 곳에서 잘 자라는지, 척박한 곳 또는 비옥한 곳에서 잘 자라는지 등의 특성을 파악해 자신의 정원 조건에 맞는 식물을 선택해야 한다.

야생화를 정원에 심을 때는 다음과 같은 점들을 주의하자.

야생화를 재배할 토양은 키울 식물에 따라 다르지만 일반적으로 배수가 잘 되는 땅이어야 한다. 습기를 좋아하는 식물도 대부분 물빠짐이 좋은 땅에서 잘 자란다. 배수가 잘 되면서도 통기성이 좋고 보수력과 보비력이 뛰어난 땅이 좋다.

할미꽃 등의 직근성 식물은 뿌리에 흙을 가능한 한 많이 붙여서 뿌리의 흔들림이 없도록 다뤄야 하지만, 대부분의 식물은 정원에 심기 전 뿌리를 잘 정리해주어야 한다. 묵은 뿌리나 병든 뿌리는 제거하고, 땅을 뿌리 길이보다 깊게 판 다음 혼합토를 넣고 식물의 자리를 잡은 후, 뿌리가 상하지 않게 살살 흙을 골고루 채운다. 이때 식물을 너무 깊이 심지 말고 새싹이 지표면에 약간 보이도록 얕게 심는 것이 좋다. 그러나 너무 얕으면 장마철이나 물을 세게 줄 때 뿌리가 노출되고, 심한 경우 유실될 수도 있으니 잘 관찰해서 필요한 조치를 취해야 한다.

아파트 베란다 활용하기

야생화를 키우고 싶으나 아파트에 살아 정원이 없다면 베란다에 작은 정원을 꾸며볼 수 있다. 베란다는 햇빛이 잘 들고, 바닥이 대부분 타일로 되어 있으며 수도와 배수구가 갖춰져 물을 쓰고 버리기가 편리하다.

베란다에 정원을 만들 때는 흙이 가벼워야 한다. 또 병충해를 막기 위해 달팽이, 지렁이 등의 오염이 없는 흙을 사용하는 게 좋다. 이런 목적에 적합한 토양은 버미큘라이트(질석), 펄라이트, 피트모스 등의 경량토다. 잘 숙성된 부엽토를 혼합하면 무게를 줄이면서도 영양공급이 가능하다. 배수를 돕고 무게감을 주기 위해서는 마사토를 섞어 쓴다.

베란다는 1차적으로 방수처리가 되어 있으나, 누수를 예방하기 위해 바닥에 먼저 방수용 비닐을 깐 다음 부직포를 깔아준다. 그 위에 물빠짐 구멍이 막히지 않도록 방충망용 비닐을 깔고, 가는 모래를 제거한 마사토나

베란다에 직접 흙을 넣기 어려울 때는 커다란 용기에 심어 작은 정원을 꾸밀 수 있다.

자갈을 깔아 배수를 돕고 비닐 등이 움직이지 못하게 한다. 준비된 용토를 채워넣는데, 전면의 모양이 직선보다는 부드러운 선을 이루도록 하고, 재배할 식물을 앞서(정원에 심기에서) 설명한 대로 심는다.

화분에 심어 즐기기

베란다를 활용하기도 마땅치 않을 때는 화분에 야생화를 심어 즐길 수 있다. 다만 화분에 심을 때는 키가 너무 크게 자라는 식물은 피하고, 작으면서도 관상가치가 높은 식물을 선택하는 것이 좋다. 또 꽃이 귀엽고 아름답기는 하지만 개화기가 짧고, 꽃이 지면 바로 잎이 시들면서 휴면기에 접어드는 식물은 화분 재배에 적합하지 않다. 개화기가 길면 아주 좋고, 그렇지 못할 때는 잎이라도 관상가치가 있어야 한다. 화분에 야생화를 심는 방법은 아래와 같다.

① 화분 밑의 배수구멍을 내구성이 있는 플라스틱망이나 화분조각 등으로 막은 다음 자갈 또는 굵은 마사토를 깐다.

② 그 위에 적당한 배양용토를 넣는다. 야생화의 종류, 화분의 크기와 재질 등에 따라 마사토와 부엽토, 혼합토(배양토) 등을 섞어 배양용토를 만든다.

③ 한 손으로 야생화의 줄기 부분을 잡고 뿌리가 엉키지 않게 잘 펼쳐서 자리를 잡은 다음, 흙을 고루 채워넣어 뿌리 사이에 빈틈이 생기지 않도록 한다. 이때 너무 깊이 심기지 않도록, 눈 끝이 살짝 보이거나 가려질 정도로 흙을 덮어준다.

④ 고운 마사토나 이끼로 표면을 덮고 식물의 이름, 심은 날짜 등이 적힌 이름표를 꽂아 마무리한다.

⑤ 물을 충분히 주고, 햇빛이 하루에 한두 시간 정도 드는 반그늘에 일

화분에 야생화를 심을 때 포기가 잘 늘어나는 식물은 한 포기만 심어도 쉽게 화분이 채워지지만(왼쪽), 포기가 천천히 늘어나는 식물은 여러 포기를 모아심는(오른쪽) 것이 좋다.

주일 동안 둔다. 활착이 되면서 생기가 돌기 시작하면 식물의 빛 요구도에 따라 적당한 자리로 옮긴다. 다만 양지식물이라 하더라도 갑자기 햇빛에 장시간 노출시키지 말고, 햇빛에 내놓는 시간을 점차 늘려 적응할 시간을 주어야 한다.

초물분재

초물분재란 초본성 식물을 화분에 적절히 배식해 초원의 정취를 내는 분재 방식이다. 일반적인 수목분재와는 달리 아련하고 청초한 분위기를 연출할 수 있는데, 작은 돌 등을 부재로 삼아 깊은 산과 같은 정취를 내기도 한다.

초물분재는 보기는 그지없이 좋지만 재배하기는 결코 쉽지 않다. 수목분재와 마찬가지로 식물체가 웃자라지 않고 균형 잡힌 모습을 유지하도록 순지르기 등의 기술 습득과 끊임없는 관찰 및 관리가 필요하다.

우리나라에서는 아직 초물분재를 많이 볼 수 없지만, 일본에서는 일반인들도 수목분재 못지않게 관심을 갖고 재배하고 있다. 제주도의 방림원에 가면 다양한 초물분재 작품을 볼 수 있다.

초물분재를 할 때는 독특한 용기와 부재를 선택함으로써 작품을 더욱 돋보이게 할 수 있다.

돌과 나무에 붙이기

야생화 중 화분에 재배하면 과습하기 쉬운 착생란 종류(풍란, 석곡 등)와 양치류 등은 이끼를 입혀 헤고나 나무, 돌 등에 붙여 재배한다. 나무에 붙인 것을 목부작(木附作), 돌에 붙인 것을 석부작(石附作)이라고 한다.

난 재배에 특히 많이 사용되는 헤고는 양치식물의 뿌리를 건조시킨 것으로 굵은 섬유가 종으로 길게 뻗어 있으며, 주로 기둥 모양 판이나 화분으로 만들어진다. 헤고판, 나무판, 석판 등에 야생화를 붙이는 방법은 간단하다. 분갈이할 때처럼 뿌리를 정리한 다음, 뿌리를 물이끼로 감싸 판 위에 놓고 적당량의 이끼를 덧댄 후, 나일론 낚싯줄로 묶거나 ㄷ자형 못 등

으로 고정시킨다. 모양을 정리하고 물을 분무한 다음 그늘에 두고 자주 분무해준다. 활착이 확인되면 재배할 장소로 옮기면 된다.

특이한 모양의 나무등걸에 붙여 기른 소엽풍란.

어떻게 잘 기를까?

야생화를 잘 기르려면, 첫째 식물의 생태적 특성을 잘 알아야 하고, 둘째 재배기술을 익혀 환경을 잘 조절해야 하고, 마지막으로 끊임없이 관심을 갖고 잘 관찰해야 한다.

야생화의 생태적 특성 알기

야생화는 동물과 달리 이동성이 없으므로 생육에 가장 적합한 환경에 적응해 군락을 이루면서 집단자생지를 형성한다. 이렇듯 자생하는 지역의 자연환경에 적응해온 야생화를 우리 곁에 두고 기르는 재배식물로 훈련시키기 위해서는, 그 야생화의 생태적 특성을 잘 알아야 한다.

우선 자생지의 환경을 파악하고, 재배할 공간의 환경을 그 조건과 비슷하게 마련하는 것이 가장 중요하다.

야생화가 자라는 자생지는 대략 다음과 같이 나눠볼 수 있다.

산에 사는 야생화

우리나라는 사계절이 뚜렷하고 낙엽활엽수가 큰 비중을 차지한다. 그 밑에 자생하는 얼레지, 앉은부채, 복수초, 현호색 등의 야생식물은 활엽수가 자라기 시작하는 5월 이후 녹음이 짙어질수록 햇빛을 볼 수 있는 기회가 줄어든다. 때문에 이들은 이른 봄부터 꽃을 피우고, 활엽수의 잎이 완전히 커지기 전에 종자를 맺고 생을 종결한다.

더 늦게 꽃이 피는 식물들은 반그늘이나 그늘에서 자라는 데 적응한다. 이런 야생화는 부엽이 많이 들어간 배수가 잘 되는 용토에 심고, 밝은그늘 또는 반그늘에서 키운다. 둥굴레, 달래, 금낭화, 은방울꽃, 비비추 등이 여기에 속한다.

들에 사는 야생화

들은 주변에 큰 나무가 없고 대부분 사방이 트여 있기 때문에 햇빛을 거의 하루종일 받을 수 있고 바람도 잘 통하는 환경이다. 다만 5월 말부터는 주위에 다른 풀들도 돋아나, 큰 나무는 없어도 뿌리와 줄기의 아랫부분에는 그늘이 지고 윗부분은 빛을 충분히 본다. 들에서 자라는 할미꽃, 제비꽃, 민들레, 쑥, 질경이 등은 이처럼 햇빛이 좋고 바람이 잘 통하는 환경에서 생육이 왕성하다.

고산에 사는 야생화

바위와 모래, 자갈이 많고 1년 내내 뜨거운 햇빛이 내리쬘 뿐 아니라 바람이 거세게 부는 고산지역에서 자라는 야생화는, 뿌리 부분에 물이 고여 있는 것을 극히 싫어하기 때문에 배수가 잘 되고 양지바른 곳에 심어야 한다. 이름 앞에 구름, 하늘, 바위 같은 단어가 붙은 야생화가 대개 여기에

속한다. 구름국화, 구름범의귀, 바위미나리아재비, 바위구절초, 한라돌창
포, 좀설앵초 등.

연못과 늪에 사는 야생화

논두렁이나 질퍽한 습지 또는 물속에 뿌리를 내리고 꽃이나 잎, 줄기의
일부가 햇빛을 충분히 받을 수 있는 환경에서 사는 야생화도 있다. 이런
식물들은 다시 식물체가 물과 어떤 관계를 맺고 자라는가에 따라 아래와
같이 구분하는데, 이는 식물을 용기에 심을 때 흙과 물의 높이를 맞춰주는
기준이 된다.

① 침수식물(沈水植物) : 뿌리가 물속 바닥에 있고 줄기와 잎도 물에 잠겨
식물 전체가 물속에서 사는 식물이다. 물수세미, 쇠뜨기말, 붕어마름,
검정말 등.

② 부엽식물(浮葉植物) : 물속 바닥에 뿌리를 내리고 줄기와 잎의 일부,
꽃은 수면 위에 떠 있는 식물이다. 마름, 순채, 연꽃, 어리연꽃, 수련 등.

③ 정수식물(挺水植物) 또는 추수식물(抽水植物) : 뿌리와 줄기의 일부가
물에 잠겨 살지만 줄기, 잎, 꽃은 모두 물 밖에 나와 있는 식물이다. 부

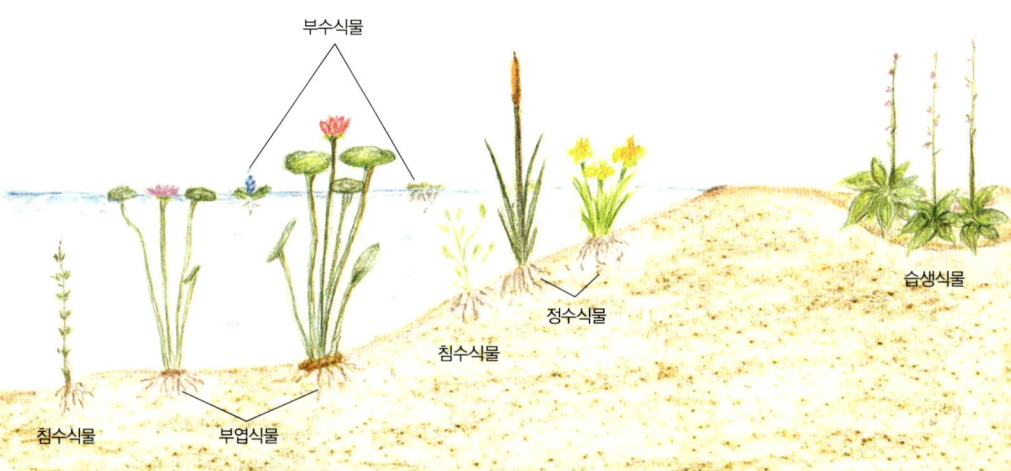

들, 창포, 삼백초, 꽃창포 등.

④ 습생식물(濕生植物) : 물가나 들판의 습지에 자생한다. 정수식물과 자생지역이 비슷해 엄밀히 구분하기가 쉽지 않다. 땅속 부분이 습윤한 환경에 잘 견디지만 반드시 물속에 잠겨야 하는 것은 아니다. 자연상태에서는 물이 불면 뿌리줄기가 물속에 잠기고, 물이 빠지면 물에 잠기지 않아도 잘 자란다. 동의나물, 물봉선, 부처꽃, 붓꽃류, 비비추, 해오라비난초 등. '습지식물'이라고도 부른다.

⑤ 부수식물(浮水植物) : 뿌리까지 물에 떠서 사는 식물이다. 개구리밥, 부레옥잠, 통발 등.

바닷가에 사는 야생화

바닷가에서 자라기 때문에 대부분 내염성이 강하다. 양지바르고 바람이 강한 환경에 적응한 식물로 이름 앞에 갯, 섬 등의 말이 붙은 야생화가 대개 여기에 속한다. 갯쑥부쟁이, 갯패랭이꽃, 섬말나리, 섬초롱꽃, 해국 등.

건조한 곳에 사는 야생화

황야의 바위나 모래밭 등 건조한 곳에 사는 건생식물은 기능 면에서 독특한 특징을 가지고 있다. 건조한 환경에 적응하기 위해 잎과 줄기에 물을 저장할 수 있는 다육질 형태를 갖기도 하고, 건조한 조건에서 물을 찾기 위해 뿌리가 땅속 깊이 길게 자란다. 기린초, 억새, 강아지풀 등.

물에 사는 수생식물들은 식물이 물에 잠기는 정도에 따라 침수식물, 부엽식물, 정수식물, 습생식물 및 뿌리까지 물위에 떠서 사는 부수식물로 구분한다.

재배기술 익히기

야생화를 잘 기르려면 각각의 식물에 맞게 빛, 온도, 수분을 잘 관리하고 알맞은 영양을 공급해주어야 한다.

햇빛 관리하기

식물이 광합성을 통해 스스로 영양공급을 하면서 자라기 위해서는 햇빛이 매우 중요하다. 야생화를 기를 때 햇빛 중 고려해야 할 요소는 빛의 밝기(光度, light intensity), 빛의 질(光質, light quality), 그리고 햇빛이 비치는 시간(光週期, photoperiodism 또는 photoperiod)이다. 이 요건들이 충족될 때 야생화는 잘 자라 아름다운 꽃을 피운다.

① 광도 : 야생화는 종류에 따라 생육에 적당한 광도가 다르다. 강한 햇빛(80,000~130,000럭스)에서 잘 자라는 식물을 양지식물, 반음지 정도의 햇빛(50,000럭스 내외)에서 잘 자라는 식물을 반음지식물, 음지(10,000럭스 이내)에서 잘 자라는 식물을 음지식물이라고 한다.

② 광질 : 실내에서 식물을 기를 때는 창을 통해 자연광을 받으면 되지

빛 요구도에 따른 야생화 분류

구분	식물명
양지식물	구절초, 금꿩의다리, 기린초, 마타리, 물레나물, 미역취, 부처꽃, 섬백리향, 술패랭이꽃, 양지꽃, 용머리, 제비꽃, 참나리, 초롱꽃, 패랭이꽃(석죽), 할미꽃
반음지식물	곰취, 금낭화, 꿩의다리, 나리류, 남산제비꽃, 노루귀, 노루오줌, 복주머니난초, 산마늘, 알록제비꽃, 얼레지, 으아리, 자란
음지식물	고사리류, 꽃무릇, 둥굴레, 맥문동, 비비추, 삿갓나물, 애기나리, 은방울꽃

만, 실내의 안쪽으로 들어올수록 창이 멀어져 인공조명의 영향을 많이 받게 된다. 보통은 백색의 형광등을 쓰지만 별도로 조명을 하고자 할 때는 여러 가지 광질을 고루 갖추고 있는 식물생육등을 사용하는 것이 바람직하다.

③ 광주기 : 낮이 길고 짧음(정확하게는 밤이 짧고 김)에 따라 구분되는 광주기는 식물의 발아, 성장, 꽃눈 형성 등 생육 전반에 영향을 미친다. 하루 중 낮의 길이가 한계일장보다 길 때 꽃이 피는 식물을 장일식물이라 하는데, 봄부터 초여름에 피는 대부분의 꽃이 여기에 속한다고 보면 큰 차질이 없다. 이 시기는 낮이 점점 길어지고 밤은 점점 짧아지기 때문이다. 반면 늦여름부터 가을에 피는 대부분의 꽃을 단일식물이라고 보면 큰 무리가 없다. 한편 밤낮의 길이에 관계없이, 일정한 생육이 끝나면 꽃이 피는 식물도 있는데, 이를 중일식물이라고 한다. 야생화를 기를 때 자연주기에 따라 자연스럽게 키우면 각 식물의 특성에 따라 일정한 시기에 꽃이 피므로 광주기가 별다른 의미가 없다. 하지만 본래의 개화기보다 일찍 또는 늦게 꽃을 피우고자 할 때는 해당 식물의 광주기 성질을 파악해 장일 또는 단일처리를 해야 한다.

식물의 광주기에 대한 오해

장일식물과 단일식물을 구분하는 기준은 꽃이 피는 데 필요한 낮의 길이다. 간혹 낮의 길고 짧음을 12시간을 기준으로 결정한다고 설명하는 책이 있는데, 이것은 큰 오해다. 그 기준점은 12시간보다 짧을 수도, 길 수도 있는 임계일장이다. 예를 들어, 단일식물인 포인세티아의 임계일장은 11시간, 장일식물인 싸리풀은 12시간이다. 그런데 도꼬마리는 임계일장이 15.6시간이지만, 낮 길이가 그 임계일장보다 점점 짧아지면서 꽃이 피므로 단일식물로 구분한다.

온도 조절하기

식물이 잘 자라기 위해서는 적당한 온도가 유지되어야 한다. 온도가 너무 높으면 고온장해를, 너무 낮으면 저온장해를 입는다.

자생지가 남쪽인 야생식물은 특히 겨울나기에 각별히 신경을 써야 한다. 지상부가 모두 죽고 뿌리만 살아 있는 경우에도 나뭇잎, 지푸라기, 왕겨, 부직포 등을 덮어 동해(凍害)를 막아야 한다.

반대로 위도가 높은 북쪽 지방의 야생식물, 고산식물, 그리고 큰 나무의 그늘에서 자생하던 식물들은 더운 여름을 나기가 힘들다. 양지식물이라 할지라도 한여름 뜨거운 태양 아래의 폭서에는 견디기 힘들므로, 적당히 차광을 해주고 바람이 잘 통하는 곳에 두어 고온피해를 줄여야 한다.

춘화처리(春花處理, vernalization)

식물이 꽃을 피우기 위해서는 생육기간 중 일정한 온도(대부분 저온)에서 일정 기간을 보내야 한다. 이를 위해 온도를 조절해주는 것을 '춘화처리'라 한다. 야생에서는 자연스럽게 춘화처리 과정을 거치게 되지만, 실내에서 기르거나 제철이 아닌 때 꽃을 피우려면 인위적으로 춘화처리를 해야 하는 식물들이 있다. 이들은 종자나 구근을 일정한 저온에 두어야 휴면상태에서 벗어나 생육을 시작한다.

수분 관리하기

식물은 햇빛과 물만 있으면 생명을 유지할 수 있다. 그러나 물이 부족하거나 지나치게 많으면 장해를 입거나 고사하고 만다. 그런데 식물을 기를 때 물관리는 결코 쉬운 일이 아니다. 식물마다 수분 요구도가 다르고, 계절에 따라 온도와 습도가 달라지기 때문이다. 오죽하면 '물주기 3년'이라는 말이 있겠는가. 물을 제대로 주려면 3년은 경험을 쌓아야 그 요령을 터득할 수 있다는 뜻이다.

그럼 식물을 잘 기를 수 있는 물주기 요령으로는 어떤 것이 있을까? 물을 말리지 않고 잘 준다고 일정 간격을 정해놓고 며칠에 한 번씩 정확히 물을 주는 사람이 있는가 하면, 물이 마르면 준다고 생각했다가 잊어버리고 주었다 안 주었다 하면서 불규칙하게 물관리를 하는 사람도 있다. 두 부류 모두 야생화 기르기에 실패하기 쉬운 습관을 가진 셈이다. 대부분의 식물에 적용되는 좋은 물주기 요령은 다음과 같다.

① 기르는 야생화의 자생지와 생태적 특성에 따라 물을 주어야 하지만, 일반적으로 화분의 겉흙이 말라 하얗게 보이기 시작할 때 물을 주면 큰 무리가 없다.

② 육안으로 화분의 겉흙이 말랐는지 관찰하기 어렵다면, 집게손가락을 흙속으로 넣어 마른 정도를 확인하거나 화분 벽을 쳐서 소리로 판단한다. 가벼운 울림이 있으면 수분이 부족한 것이므로 물을 주어야 한다. 묵직한 느낌이라면 수분이 아직 충분하다고 볼 수 있다.

③ 물을 줄 때는 화분 밑의 구멍으로 물이 흘러나오도록 충분히 준다.

④ 겨울에는 해가 뜬 후 온도가 조금 올라갔을 때 물을 주는 게 좋다. 여름의 경우, 아주 더운 날에는 오후에 한 번 더 주어 온도를 낮추고, 저녁에 줄 때는 해가 떨어지기 전에 주어 물방울이 모두 증발하도록 한다. 물방울이 증발하지 못하고 오랫동안 남아 있으면 병원균이 활동할 수 있다.

⑤ 장마철에는 증발량이 많지 않기 때문에 물을 많이 줄 필요가 없다. 그러나 공중습도가 높아도 화분 속 흙은 마를 수 있으니 세심하게 관찰해야 한다.

⑥ 습생식물이 물을 좋아하긴 하지만 늘 물에 잠겨 있는 것은 바람직하지 않으므로 주의한다.

⑦ 물 줄 때를 놓쳐 흙이 지나치게 마르면 물을 다시 주어도 흙이 물을 제대로 흡수하지 못하고 밑으로 바로 빠져버린다. 이럴 때는 10~20분 간격으로 두세 번 더 주거나 물이 담긴 대야에 30분 정도 담갔다 꺼낸다.

좋은 흙 만들기

식물을 기르기에 좋은 흙은 어떤 조건을 갖춰야 할까? 식물은 대부분 배수성과 통기성이 좋고, 보수력과 보비력이 높은 흙에서 잘 자란다. 또 병원균과 해충 및 그 알이나 잡초 씨가 들어가지 않은 흙이 좋다.

배수성이 좋은 흙이란 물을 주었을 때 고이지 않고 곧 빠져나간다는 뜻이다. 배수가 잘 되지 않으면 흙에 물이 고여 산소가 부족하고 뿌리가 썩기 쉽다. 또 통기성이 좋은 흙은 물은 쉽게 빠져나가고 공기가 자유롭게 들고 날 수 있도록 토양 입자 사이에 적당한 틈이 있는 흙이다.

보수력(保水力)과 보비력(保肥力)이 높은 흙은 물과 영양분을 오랫동안 간직할 수 있는 흙을 뜻한다. 부엽토, 피트모스, 퇴비와 같이 섬유질이 많은 유기 재료나 펄라이트, 버미큘라이트 같은 무기물 재료는 수분과 비료기를 많이 흡수할 수 있어, 마사토 등과 섞어 쓰면 배수도 잘 되고 보수력 및 보비력도 높은 좋은 흙이 된다.

식물을 건강하게 잘 기르려면 병원균이나 해충, 잡초 씨가 섞이지 않은 흙을 써야 한다. 예전에는 흙을 가열해 소독했지만, 요즘 시판되고 있는 대부분의 혼합토(배양토)는 이 조건을 만족시킬 수 있는 상품이므로 손쉽게 구입해서 사용하면 된다.

야생화가 자연에서 자랄 때는 스스로 적합한 환경에 자생하기 때문에 흙이 문제가 되지 않지만, 자생지를 떠나 새로운 서식지에서 기를 때는 적합한 토양을 인위적으로 마련해주어야 한다. 그렇다면 야생화가 잘 자랄 수 있는 흙은 어떻게 만들까?

일단 야생화를 정원에서 기르고자 할 때는 넓은 면적의 흙을 바꾸기가 쉽지 않기 때문에 그 토양에 맞는 야생화를 골라 심는 것이 가장 좋다. 토양이 딱딱하고 물빠짐이 좋지 않을 때는 마사토와 섬유질이 많은 부엽토, 퇴비 등을 넣으면 땅이 부드러워지고 물빠짐도 향상된다.

아파트 등 공동주택이 많은 우리나라에서는 정원을 확보하기가 어렵기 때문에 많은 가정에서 화분을 이용해 야생화를 기른다. 그런데 화분에 야생화를 기르는 것은 전적으로 인위적인 환경에서 재배하는 것이다. 그 환경 중 가장 중요한 요소가 야생화를 지지하고 영양을 공급해줄 토양이다. 화분용 흙은 아래에 설명하는 여러 종류의 흙을 섞어 사용한다. 기본적으로는 바닥에 굵은 마사토를 깔고, 그 위에 마사토 60~70퍼센트에 영양공급과 물리적 성질을 개선할 부엽토나 혼합토, 보습을 돕는 펄라이트나 피트모스 등을 30~40퍼센트 혼합해 채우고, 그 위에 다시 굵은 모래나 녹소토 등을 덮어 마무리한다.

예전에는 화분에 사용할 좋은 흙 만들기가 쉽지 않았지만, 요즘은 원예용 토양을 시중에서 쉽게 구할 수 있는데, 그런 흙에서 대부분의 식물이 잘 자란다. 그러나 식물에 따라서는 이를 보완해 사용해야 하고, 더 나아가 재배의 연륜이 쌓이면 자신이 조합한 배양토를 더 선호하게 된다. 화분 흙을 섞을 때 기본적으로 사용되는 재료는 밭흙, 강모래, 부엽토, 펄라이트, 버미큘라이트, 지피믹스, 수태(이끼), 녹소토 등이다.

① 마사토(磨砂土) : 원래는 '산모래'라고 해서 산에서 굵은 모래를 채취해 사용했다. 하지만 근래에는 바위를 잘게 부숴 만든 흙, 즉 마사토를

판매하고 있으므로 이를 주로 사용한다. 마사토는 보수력과 보비력은 없으나 물빠짐과 통기성이 좋다. 알갱이의 크기에 따라 대립(大粒), 중립, 소립으로 구분하는데 대립은 콩알, 중립은 팥알, 소립은 녹두알 내지 좁쌀알 정도의 크기다.

② 부엽토(腐葉土) : 낙엽 등이 썩어 만들어진 흙이다. 산에는 낙엽활엽수 아래 쌓여 있고, 정원이 있는 집에서는 가을에 떨어져 쌓인 나뭇잎을 모아 6개월에서 1년 동안 발효시켜서 사용할 수 있다. 하지만 꽤 번거롭고 아파트 등 공동주택에 사는 사람들은 부엽토를 만들 환경이 아니기 때문에 원예점 등에서 구입해 사용하는 게 편리하다. 밤나무, 참나무 등의 부엽은 섬유질이 많아 보수력과 보비력이 높고 통기성도 좋을 뿐 아니라, 식물에 이로운 토양 미생물의 활동에 좋은 환경을 제공한다.

③ 혼합토(混合土) 또는 배양토(培養土) : 유기성분으로 이탄토(泥炭土)인 피트모스나 코코넛피트에 펄라이트, 버미큘라이트, 제올라이트(沸石) 등의 무기성분을 섞어 만든 것으로 화분 배양용 토양이다. 보통 상토(床土)라고도 부르며, 여러 가지 제품이 판매되고 있다. 혼합토(배양토)는 보수력과 보비력이 뛰어나고, 배수성과 통기성이 좋다. 좋은 혼합토는 잡초 씨나 병균 등이 없는 깨끗한 토양이지만, 간혹 불량한 배양토가 있을 수 있으므로 포장봉투를 열었을 때 나쁜 냄새가 나지 않는지 확인하는 것이 좋다.

④ 물이끼(水苔, sphagnum moss) : 식물을 재배할 때 '물이끼'라고 일컫는 것은 물가에서 우리가 흔히 보는 녹색의 일반 이끼가 아니다. 주로 뉴질랜드나 호주의 태즈메이니아섬 등 한랭한 고산지대의 습지에서 자라는 물이끼를 채취해 살균 건조한 것을 수입한 유백색의 백태다. 완전히 건조된 상태로 만들어져 수송과 저장에 매우 편리한데, 사용할 때는 물을

위 왼쪽부터 물이끼, 시판 배양토, 녹소토.
가운데 왼쪽부터 마사토, 버미큘라이트, 지피믹스.
아래 왼쪽부터 난석, 분쇄된 바크, 펄라이트.

10~20배 이상 흡수한다. 보수력과 통기성이 좋아 난을 재배할 때는 단독으로 사용하기도 한다. 녹색의 일반 이끼는 섬유가 좋지 않으니 되도록 사용하지 않는 것이 좋은데, 굳이 사용할 수밖에 없는 경우라면 반드시 살균해서 써야 한다.

⑤ 바크(bark) : 침엽수, 특히 전나무의 껍질을 가공해 제조한 것으로, 원래 중량의 80퍼센트가량 물을 흡수하며 배수성도 좋다. 굵은 것, 중간 크기, 작은 것 등 세 종류가 시판되고 있다. 식물을 심은 지 보통 3~4년 지나면 분해되기 시작하는데, 분해된 파편이 질소성분을 흡수해 비료의 기능을 방해하고 배수에도 좋지 않다. 따라서 이 시기에 분갈이를 해 식재를 바꿔주는 게 좋다.

⑥ 기타 : 난석(蘭石)이나 녹소토(鹿沼土) 등 가볍고 배수성이 좋은 흙을 사용하기도 하는데, 녹소토는 산성이기 때문에 특히 산성을 좋아하는 식물을 재배할 때 사용한다.

비료 주기

대부분의 야생화는 척박한 토양에서 자라기 때문에 비료를 주면 너무 커져서 오히려 문제가 되는 경우가 종종 있다. 그러나 식물에 따라서는 비료를 적절하게 주면 생육이 좋아지고 꽃색도 선명해진다. 특히 뿌리뻗음이 한정되는 화분에서 재배하는 경우에는 비료를 주어 부족한 양분을 보충할 필요가 있다. 야생화에 거름을 할 때는 화학비료보다 퇴비나 부엽토 등을 주어, 영양을 공급하는 동시에 부수적으로 토질도 개선해주는 것이 좋다. 야생화에 비료를 줄 때 주의할 점은 아래와 같다.

① 완숙된 비료를 사용한다. 음식물 찌꺼기나 우유 등 충분히 분해되지 않은 것을 화분에 주면, 식물은 유기물을 바로 흡수할 수 없기 때문에 이를 이용하지 못한다. 오히려 이를 먹이로 하는 미생물이나 벌레가 생겨 식물에 해를 입히게 된다. 미숙한 비료를 밑거름으로 쓰면 거름이 발효하는 동안 열이 나고 암모니아 가스 등이 발생해 뿌리를 상하게 한다. 완숙된 퇴비에서는 향긋한 냄새가 나는 반면, 미숙한 퇴비는 암모니아 냄새 같은 역한 냄새가 난다.

② 화학비료를 밑거름으로 쓸 때는 효과가 천천히 나타나는 완효성(緩效性) 비료를 사용한다.

③ 거름효과가 빠른 물거름(液肥)을 줄 때는 언제나 추천 농도보다 묽게 주어 약해(藥害)를 입지 않도록 한다. 즉, '1,000배 희석'을 추천했다면 1,500~2,000배로 희석해서 주고, 비료기가 부족하다 싶으면 한 번 더 주는 게 좋다.

④ 종자는 어린 모종이 어느 정도 자라 광합성을 시작할 때까지 영양을 공급할 수 있을 정도로 양분을 저장하고 있으므로 파종용 흙은 거름기가 많아서는 안 된다. 싹이 난 어린 모종에도 비료를 추가로 주지 않는

것이 안전하다.

⑤ 식물이 생육기에 접어들어 비료를 주어야 할 시점에 식물이 왕성하게 자라지 못하고 시드는 듯싶을 때는, 비료를 주지 말고 관찰해 그 원인을 찾아서 문제를 해결한 후 비료를 준다.

⑥ 비료를 준 후 식물이 몸살을 할 때는 '비료장해'일 가능성이 있으므로 물을 많이 주어 비료기를 씻어내고, 필요하면 거름기 없는 새 흙으로 옮겨심는다.

끊임없는 관심과 관찰

야생화를 기를 때 가장 중요한 것은 관심이다. 끊임없는 관심과 관찰이 야생화 재배의 고수를 만든다. 자신이 기르는 야생화에 대해 계속 관심을 갖고 세심하게 관찰해야 물과 비료를 알맞게 주고, 병충해를 조기에 발견해 조치를 취하며, 제때 종자를 받는 등 야생화를 잘 키워낼 수 있다. 책과 인터넷을 활용해 야생화 재배의 일반적인 정보를 얻고, 또 함께 야생화를 기르는 동호인들과 교류하면서 좀 더 구체적인 재배법을 익힌다면, 야생화에 대한 관심도 폭넓어지고 좀더 재미있고 알차게 야생화를 재배할 수 있을 것이다.

기타 야생화 재배 및 관리 방법

분갈이

야생화를 화분에 심어 기를 경우, 화분에 담겨 있는 흙은 한정되어 있기 때문에 뿌리가 자라면서 양분은 차츰 소진되고, 뿌리가 화분 안에 가득 차서 물과 공기의 유통을 제한해 생육을 저해하게 된다. 이런 환경을 개선하기 위해서는 적절한 시기에 분갈이를 해주어야 한다.

분갈이를 하는 주기는 정해진 것이 아니라, 식물과 화분 속 흙의 상태에 따라 달라진다. 분갈이가 매년 필요한 것이 있는 반면, 오랫동안 할 필요가 없는 경우도 있다. 하지만 적어도 2~3년에 한 번씩 분갈이를 해주면서 묵은 뿌리를 잘라내고 포기도 나누는 등 뿌리에 적당한 자극을 주고, 새로운 흙을 채워 영양을 보충하고 근권(根圈) 환경을 개선하는 것이 좋다.

분갈이를 할 때는 생육이 왕성한 성장기나 꽃눈분화기, 개화기를 피하는 것이 바람직하다. 이른 봄 새싹이나 꽃눈이 자라기 직전 또는 가을에 휴면으로 들어가기 전 실시한다. 분갈이를 하는 순서는 아래와 같다.

① 화분 벽을 가볍게 두드려 뿌리가 화분에서 떨어지게 한 후, 식물을 집게와 가운데 손가락 사이에 넣고 화분을 거꾸로 뒤집어서 식물을 꺼낸다.

② 뿌리에 엉킨 흙을 뿌리가 상하지 않게 조심히 털어내고, 특히 새로 돋은 어린뿌리가 상하지 않게 주의하면서 묵은 뿌리를 다듬는다. 병들거나 마른 잎, 묵은 가지 등을 정리해 옮길 준비를 마친다.

③ 옮겨심을 화분 밑에 플라스틱 거름망을 깔고 굵은 마사토나 자갈을 깔아 배수가 잘 되도록 한다.

④ 식물을 가볍게 잡고 높이를 맞추면서 화분에 자리를 잡고 뿌리 사이사이로 준비된 흙을 채워넣는다. 화분 입구에서 1~2센티미터 아래까지 흙을 채운다(큰 화분은 좀 더 아래까지).

⑤ 흙 위를 물이끼나 마사토 등으로 마무리한다.

⑥ 분갈이 날짜 등 필요한 사항을 적은 이름표를 끼우고 물을 충분히 준 다음 그늘에 한 주 정도 두었다가, 식물이 생기를 찾으면 재배할 장소로 옮긴다.

북돋우기

구근류는 알뿌리가 굵어지면서 점점 지표면으로 올라와 노출되는 경우가 있다. 이럴 때는 그 위에 흙을 더 올려주어야 한다. 그래야 알뿌리가 더 굵고 튼실하게 자란다. 또 겨울이 되기 전에 충분히 북을 주어야 추위를 잘 견딜 수 있다. 다른 숙근초 중에서도 지상부가 많이 자라 쓰러질 염려가 있는 것들은 북을 돋워준다.

멀칭하기

멀칭(mulching)은 대개 농작물을 재배할 때 잡초를 제거하고 지온(地溫)을 높이기 위해서 하지만, 정원의 지표면 정리를 위해 멀칭을 하기도 한다. 멀칭 재료로는 흔히 건조 방지 효과까지 있는 비닐을 많이 사용하지만, 야생화를 기를 때는 환경오염 물질인 비닐로 멀칭하는 것은 피하는 게 좋다. 굵은 마사토, 왕겨, 톱밥, 나무껍질 부순 것(bark) 등을 쓰면 보기에도 좋고 목적하는 효과도 얻을 수 있다.

버팀목 세우기

야생화 중 키가 크고 꽃이 많이 달리는 것은 쓰러지기 쉬우므로 버팀목을 세워주는 것이 좋다. 더욱이 덩굴성 식물을 제대로 키우려면 반드시 버팀목을 세워야 하는데, 미관을 생각해 재료와 형태를 잘 선택해야 한다.

순지르기

키가 너무 자라는 것을 방지하거나, 곁순이 많이 나 포기의 모양이 다보록해지기를 원한다면 생장점이 있는 끝부분의 순을 잘라준다. 이때 주의할 점은 꽃눈이 생기기 전에 순지르기를 끝내야 한다는 것이다.

진 꽃대 자르기

꽃이 진 다음에는 대개 그 모습이 아름답지 않아 꽃대를 잘라준다. 그런데 이때 더 큰 효과는, 종자를 받지 않는 경우 꽃대를 잘라줌으로써 종자로 갈 영양을 차단해 나머지 부분의 생장을 돕는 것이다. 덧거름을 주고 물관리를 잘하면 경우에 따라서는 한 번 더 꽃을 볼 수 있다.

야생화는 어떻게 늘려가나?

야생화를 번식시키는 방법으로는 씨를 통한 실생번식(유성생식)과 꺾꽂이, 포기나누기, 휘묻이 등의 무성생식 방법이 있다.

씨를 통한 번식

씨를 통한 실생번식(實生繁殖)은 어미포기를 다치지 않고 단시간에 대량의 모종을 얻을 수 있다는 장점이 있다. 또 교잡에 의해 변이종이나 새로운 형질의 식물체를 만들어낼 수도 있다. 그러나 야생식물은 열매를 맺는 시기와 방법 등이 달라 씨를 받기가 그리 쉽지 않다. 또 자연상태에서 일어나는 자연교배로 인해 원치 않는 유전적 변이(variation)가 있을 수 있고, 바람직한 변이나 특성을 가진 개체를 발견해도 종자를 통해서는 영양번식을 할 때와 같이 그 형질 그대로 증식하기가 어렵다는 단점이 있다.

그럼에도 불구하고, 누구라도 교배를 통해 새로운 종을 만들어낼 수 있다는 것은 매우 매력적인 점이다. 우리나라에서 자생식물(야생화)을 상업적으로 생산하기 시작한 것은 1985년경으로, 아직 육종된 새로운 품종이 많지 않다. 하지만 가까운 일본의 경우 산야초의 품종 개량과 신품종 육성에 종묘회사는 물론이거니와 산야초 애호가나 동호회들이 적극적으로 참여해 새로운 품종을 많이 만들어내고 있다. 특히 노루귀의 신품종 육성에는 애호가나 동호회의 기여가 컸다. 우리도 야생화를 기르면서 새로운 품종을 개발하는 데 힘쓸 때가 되었고, 이는 야생화 애호가라면 누구나 시도해볼 만한 과제다. 다만 통상적인 방법으로는 발아가 잘 안 되는 야생식물이 있으므로, 이를 극복하기 위한 노력이 뒤따라야 할 것이다.

새로운 야생화 품종 육성에 도전하기

인공교배를 통해 누구나 쉽게 교배종을 만들 수 있다. 그 과정은 아래와 같다.

① 교배모본을 선정한다. 꽃의 색깔, 모양 등 바람직한 형질을 가진 양친을 고른다.

② 인공교배를 한다. 모본으로 쓸 꽃에서 꽃밥이 터지기 전 꽃밥을 제거하고 이쑤시개 등을 이용해 원하는 꽃의 수술에서 꽃가루를 따 모본의 암술머리에 발라준다. 원하는 꽃의 수술이 아직 미숙한 경우 바늘로 꽃밥을 터뜨려 꽃가루를 얻는다.

③ 인공교배가 끝난 꽃은 다른 종류와 교잡되지 않도록 봉지를 씌우고, 인공교배 정보를 적은 이름표를 달아둔다.

④ 교배 후 종자가 익으면 봉지째 채종한다. 예를 들어, 노루귀는 교배 후 4~5주가 지나면 종자가 익는데, 봉지 안에서 종자가 여물어 저절로 터질 때까지 기다린다.

⑤ 씨를 받아 바로 뿌리거나 다음 해 봄에 심고 용토가 마르지 않도록 관리한다.

⑥ 보통의 원예종보다 유묘를 얻기까지 시간이 걸리므로 인내하며 관리해야 한다. 노루귀의 경우, 6~7월에 파종하면 11~12월에 뿌리가 나오고, 다음 해 봄에 쌍떡잎이 나오며, 그 다음 해 봄이 되어야 본잎이 나온다.

⑦ 본잎이 4~5매 나오면 옮겨심어 3년 정도 키우면 꽃이 핀다.

이처럼 인공교배를 하고 종자를 얻는 과정은 매우 느리고 인내를 요하는 작업이지만 그만큼 가치와 보람이 있는 일이다.

씨앗받기와 보관하기

충분히 성숙한 종자를 채취해야(採種) 오랫동안 저장이 가능하고 발아율도 높다. 하지만 종자가 완숙되기를 기다리다 시기를 놓치면 씨앗이 다 빠져나갈 수 있으므로 종자꼬투리의 색깔이 누렇게 또는 갈색으로 변하면서 마르기 시작하면 꼬투리째 따서 그늘에 말린다. 꼬투리가 잘 마르면 손으로 비벼 씨를 받고 불순물을 제거한 후 봉투나 작은 용기에 넣어 보관한다. 종자가 미세하거나 꼬투리가 작으면 꼬투리째 저장한다. 씨앗을 바로 사용하지 않고 저장할 때는 봉투나 용기를 밀봉해 5도 전후의 건조하고 어두운 장소에 보관한다. 온도와 습기가 높으면 종자의 수명이 단축되므로 관리에 주의해야 한다.

꼬투리가 너무 익으면 씨앗이 빠져나가버리므로 갈변하기 시작할 때 꼬투리째 따서 말린다. 왼쪽은 익기 시작한 도라지 종자꼬투리, 오른쪽은 완숙한 꽃양귀비 종자꼬투리다.

씨뿌리기

이물질이 없고 잘 익은 우량종자를 선발해 준비된 파종상자에 뿌린다. 경우에 따라서는 씨를 뿌리기 전에 전처리를 한 후 파종하고, 발아가 잘 되도록 적당한 온도와 습도를 유지해주어야 한다. 아주 작은 종자의 경우 발아할 때 빛이 필요한 것도 있다.

  야생화 종자 중에는 씨의 수명이 짧은 것이 많으므로 씨를 받는 즉시 뿌리는 것이 좋다. 씨를 뿌린 후에도 바로 싹이 나오지 않고 장마철이나 겨울을 넘기는 경우가 있으므로, 건조를 피하고 장마 등으로부터 씨를 보호하기 위해 볏짚, 왕겨, 낙엽 등으로 덮어주어야 한다. 그리고 싹이 났는지를 세심하게 관찰해 싹이 돋으면 덮은 것을 제거해준다.

  씨는 야외의 밭에 직접 뿌리기(直播)도 하고, 준비된 파종상자에 뿌리기도 한다. 종자가 가늘고 많을 때는 흩어뿌리기(散播)를 하고, 조금 큰 것은 줄뿌리기(條播), 크고 귀한 것은 한 알 한 알 점뿌리기(點播)를 한다.

  뿌리가 곧은 식물 중 이식을 싫어하거나 종자가 크고 유묘가 빨리 자라는 종류는 재배할 장소에 바로 뿌린다.

씨가 작아서 흩어뿌리기를 할 때도 씨가 고루 퍼지도록 씨가 담긴 종이나 손바닥을 톡톡 치면서 뿌린다.

씨 뿌릴 흙 만들기

  씨를 뿌릴 때는 살균된 파종용 흙을 쓰거나 아래와 같은 배합으로 섞어서 쓴다.

  • 피트모스 또는 완숙 부엽토 : 4컵

- 펄라이트 : 2컵
- 질석(버미큘라이트) : 2컵

종자는 싹이 터서 어느 정도 자랄 때까지 필요한 영양분을 스스로 함유하고 있기 때문에, 파종용 흙에 거름기가 들어가는 것은 바람직하지 않다. 거름기가 종자 발아에 도움을 주는 것이 아니라 오히려 병충해의 온상이 될 수 있기 때문이다. 거름기가 미생물의 번식을 도와 썩음병 등을 초래하기도 한다. 가볍고 영양분이 없는 흙에 파종해서 적당한 크기로 자라면 퇴비 등이 함유된 흙이 담긴 화분으로 옮긴다.

씨 뿌리는 시기

파종 시기는 봄이나 가을이 좋다. 야생화 종자는 너무 건조하면 발아능력을 잃는 경우가 많고, 대개의 야생화는 종자의 수명이 짧기 때문에 채취한 후 즉시 파종하는데, 이를 채파(採播)라고 한다. 꽃향유, 쑥부쟁이, 털여뀌 등의 한해살이풀은 8~11월에 종자가 성숙한다. 이들 종자는 강건하고 발아력이 좋으며 종자 저장성도 뛰어나므로 건조시켰다가 이듬해 봄에 파종하기도 한다. 어떤 종자들은 휴면이 깊어 파종 전에 휴면타파를 위한 층적처리 같은 과정을 거쳐야 한다. 가을에 파종해 노지에서 월동하고 이듬해 봄 싹이 나는 것은 일종의 층적효과를 내는 셈이다.

① 채종 즉시 파종 : 금낭화, 복수초, 노루귀, 처녀치마, 깽깽이풀, 제비꽃, 매발톱꽃, 할미꽃 등 대다수의 식물.

② 층적저장 또는 가을에 파종 : 원추리, 범부채, 붓꽃, 은방울꽃 등.

③ 건조저장 후 이듬해 봄 파종 : 여름부터 가을에 개화하는 국화과 식물, 금불초, 층꽃, 패랭이꽃, 물매화, 용담, 용머리 등.

모래

씨앗

씨를 뿌린 후의 관리

파종 후에는 물관리가 가장 중요하다. 야외에 씨를 뿌린 경우에도 물을 말리지 말아야 하며, 크기가 아주 작은 미세종자인 경우에는 물을 줄 때 씨가 튀어 흩어지지 않게 짚이나 신문지를 덮어 보호한다. 파종상자나 화분에 씨를 뿌렸을 경우에는 물뿌리개로 조심해서 물을 주고, 미세종자인 경우에는 저면관수를 한다. 화분 위에 비닐이나 유리를 덮어 건조를 막고 온도를 유지해주면 발아에 도움이 된다.

발아할 때까지 걸리는 시간은 종자에 따라 다르지만, 야생식물은 대부분 15일에서 한 달이 걸린다. 어떤 종자는 휴면 등의 원인에 의해 바로 발아하지 않고 몇 달에서 1년 이상 시간이 걸리기도 한다. 예를 들어 말나리, 하늘나리, 섬말나리 등의 나리류는 종자가 2년 만에 발아한다. 이런 식물은 씨를 뿌린 후 파종상자를 3년 동안 관리해야 한다. 그래서 나리류는 신품종을 육성하거나 실생묘를 대량으로 생산하고자 하는 등 특별한 목적이 없는 한, 종자를 이용하지 않고 자구(子球)를 나누어 심거나 인편삽(鱗片揷)을 이용하는 것이 편리하다.

파종하여 모종을 기를 때 주의할 점이 또 하나 있다. 실내에서 빛은 대개 한쪽에서 들어오기 때문에 새싹이 빛을 따라가느라 목이 굽어 길게 자

라기 쉬우므로, 3일에 한 번 정도씩 화분의 방향을 바꿔 식물 전체가 빛을
골고루 받도록 해야 한다. 이처럼 빛을 많이 받도록 하면서 따뜻한 한낮에
는 창문을 열어 환기를 시켜주어 식물이 튼튼하게 자라도록(온실 속에서 웃
자란 식물이 되지 않도록) 한다. 식물이 적당한 크기로 자라고 밖의 온도가 많
이 올라가면 원하는 용기에 옮겨심어 베란다나 밖에 내놓는다.

솎기와 옮겨심기

종자가 발아하면 적당한 간격을 유지해 서로 경쟁하지 않도록 도와준
다. 식물은 밀도가 높으면 물과 양분, 햇빛을 받는 문제 등에서 서로 경쟁
을 하게 된다. 야생에서는 일정한 밀도가 유지되도록 스스로 개체군을 조
절하는 능력이 있지만, 재배환경으로 데리고 들어오면 재배자가 밀도를
조절해주어야 한다. 야생에서는 인접한 포기와 잎이 닿을 정도의 밀도를
유지해 서로 그늘이 지지 않게 하므로, 그 정도의 간격을 유지하도록 솎아
주면 된다.

본잎이 동전만 해지면 1차로 옮겨심기를 해서 더 키운 다음 재배할 용기
나 장소에 제대로 옮겨심거나, 본잎이 4~5매 될 때까지 파종상자에서 키운
후 재배할 장소로 직접 옮겨심는다.

영양번식법

포기나누기

포기나누기, 즉 분주(分株)는 원뿌리에 난 여러 개의 싹을 떼어 증식시키는 방법이다. 간단히 손으로 떼어내기도 하고, 쉽게 떨어지지 않는 것은 칼이나 가위 또는 삽을 이용해 나누어 심는다. 종자번식의 번거로움과 어려움을 피할 수 있고, 번식 전의 식물체와 똑같은 것을 바로 얻어 꽃을 볼 수 있다는 장점이 있다. 하지만 대량으로 증식할 수 없다는 단점도 있다.

포기나누기는 봄과 가을에 할 수 있다. 봄에 해동이 되면 바로 포기나누기를 하는데, 한 포기에 눈이 적어도 두세 개씩 달리도록 나눈다. 개체수를 많이 늘리기 위해 포기를 잘게 나누면 생육이 부진해지므로 조심해야 한다. 포기나누기는 보통 화분을 갈아줄 때 많이 하는데, 야외에 심은 것도 적당한 시기에 포기나누기를 해주는 게 좋다. 정원에 많이 심는 금낭화, 비비추, 앵초, 매발톱, 원추리 등 생명력이 강한 것들은 2~3년에 한 번씩 포기를 나눠주면 포기가 더 충실해지고 꽃도 잘 핀다.

포기가 커지면 뿌리를 포함한 기부를 쪼개 나누어 심거나(왼쪽), 바위취처럼 기는줄기의 끝에 어린묘가 생성되면 이를 잘라 별도의 화분에 심는다.

알뿌리의 번식

　구근류(球根類)의 번식 방법인 분구(分球)도 포기나누기와 같은 원리로, 줄기의 변형인 인경·구경·괴경 등을 분리해서 심으면 된다. 구근에서 자연적으로 생기는 자구를 분리하는 것이 일반적인 방법이며, 특수한 경우에는 인공적인 조작에 의해 자구를 착생시키기도 한다. 알뿌리가 하나하나 확실히 분리되는 것은 별다른 문제가 없으나, 덩이로 붙어 있는 것을 분리할 때는 반드시 눈이 있는지 확인해야 한다. 눈이 없는 알뿌리는 새싹을 내지 못한다.

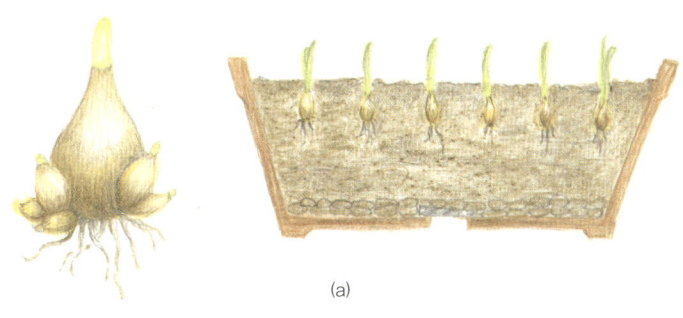

(a)

(b)

새로 생긴 알뿌리(子球)를 떼어 화분에 심어서 어느 정도 키운 후(a) 재배할 용기나 장소에 옮겨심는다. 자구를 떼어낸 알뿌리(母球)나 모구의 크기에 가까운 자구는 바로 화분에 옮겨심는다(b).

꺾꽂이

꺾꽂이, 즉 삽목(揷木)은 줄기나 잎, 뿌리의 일부를 잘라 흙이나 물에 꽂아서 뿌리를 내는 방법이다. 삽목에는 배수가 잘 되면서도 보수력과 통기성이 좋은 용토를 사용해야 한다. 청결한 마사토, 버미큘라이트, 펄라이트, 피트모스 등의 무균용토가 많이 이용된다. 이들 중 하나를 선택해 단독으로 쓰거나 적당한 비율로 섞어 쓰기도 한다. 어떤 재료든 반복해서 쓰는 것은 좋지 않은데, 특히 버미큘라이트는 반복해서 사용하면 입자의 공극이 없어져 통기성이 나빠지므로 주의해야 한다. 꺾꽂이를 할 때 발근을 돕는 옥신류를 발라주어도 좋다.

식물의 줄기를 꺾꽂이할 때는 꺾꽂이묘에 잎이 많은 편이 좋다. 하지만 잎면적이 너무 넓으면 잎의 증산작용 때문에 뿌리가 내리기 전 죽어버린

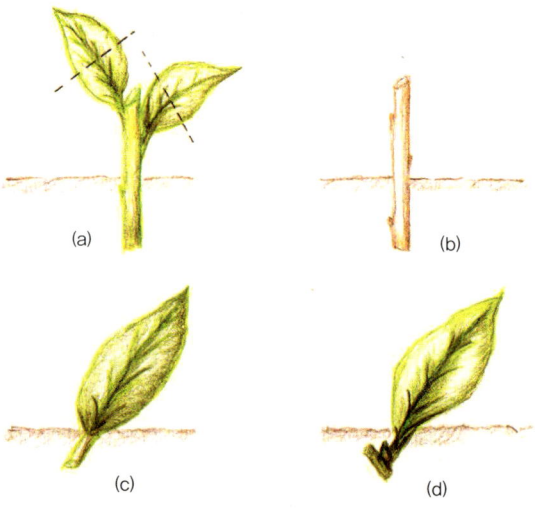

줄기꽂이를 할 때는 당해 연도에 자란 파란 줄기를 사용하거나(a, 綠枝揷) 묵은 가지를 쓴다(b, 熟枝揷). 잎꽂이는 잎자루를 달아 모래에 꽂거나 물에 담아 뿌리를 낸다(c). 그러나 겉눈이 달리지 않은 잎자루에서는 뿌리는 나오지만 새로운 식물로 분화가 되지 않으므로 잎과 함께 겉눈이 달린 잎자루를 사용하는 것이 확실하다(d).

다. 따라서 잎을 한두 장만 남기거나, 경우에 따라서는 잎을 반으로 잘라 잎면적을 줄이기도 한다. 꺾꽂이를 할 때는 공중습도가 80~90퍼센트 정도 되는 것이 좋으며, 줄기를 적어도 두세 마디 길이로 잘라 꺾꽂이묘의 3분의 1 정도가 묻히도록 비스듬히 꽂아준다. 꺾꽂이 후 4~5일간은 신문지 등으로 해가림을 해주는 것이 좋다.

휘묻이

휘묻이, 즉 취목(取木)이란 모체의 가지를 휘어서 땅에 묻어 뿌리가 내리도록 한 뒤 그 가지를 잘라 새로운 묘목을 얻는 방법이다. 휘묻이를 할 수 있는 시기는 기온이 높아지는 5월부터 8월 초까지지만, 되도록 빨리 하는 것이 좋다. 휘묻이 방법으로는 선취법과 성토법이 많이 활용되고 있다.

① 선취법(先取法) : 지면 가까이에 자라고 있는 가지의 끝부분을 휘어서 흙에 묻는다. 끝의 5~10센티미터 정도가 흙 밖으로 나오도록 한다.

② 성토법(盛土法) : '묻어떼기'라고도 부른다. 모식물의 기부에 흙을 높게 덮어주어 가지에서 새 뿌리가 나오도록 한 후 떼어 심는 방법이다.

휘묻이 방법으로 주로 이용되는 선취법(왼쪽)과 성토법.

위기의 야생화

우리의 생활에 여유가 생기면서 화려한 원예종보다는 자연에 더욱 가깝고 아련한 옛 추억을 불러일으키는 야생화 재배에 대한 관심과 수요가 부쩍 늘었다. 그런데 야생화는 대개 아직 인공증식 방법이 확립되지 않아 대량 공급이 쉽지 않다. 그래서인지 일부 판매업자가 야생묘를 자연에서 대량 채취해 유통시키면서 멸종위기에 처한 야생화가 늘어가고 있다.

복주머니난, 해오라비난, 풍란 등 난과 식물의 남획은 그들의 자생지를 파괴시켜 멸종위기로 몰아넣고 있다. 또 생약재로 그 유효성분이 널리 알려진 산작약, 삼지구엽초 등도 수난을 당하고 있다. 관상가치가 뛰어난 깽깽이풀, 솔나리, 앉은부채, 백양꽃 등도 점차 개체수가 줄어 사람의 손이 미치지 않는 깊은 산속이나 외진 곳에 몇 개체가 남아 있는 정도다.

우리나라 고유의 야생화를 위협하는 다른 원인도 있다. 산업발달에 따른 자생지 파괴와 그에 따른 귀화식물의 번창이다. 좀 늦은 감이 없지 않지만, 이제라도 우리나라 고유의 특산식물과 귀화식물에 대해 공부하고 야생화를 잘 지킬 방도를 생각해보아야 할 것이다.

우리나라의 고유식물

지리학적으로 북반구의 온대지방에 속한 우리나라는 식물의 종이 매우 다양해 4,500종에 가까운 자생식물이 있고, 그중 10퍼센트 정도는 우리나라 고유종인 '특산식물'이라고 한다. 또 지역마다 고유종이 있어서, 그중에서 상징식물을 정하고 있다. 이남숙·여성희 교수가 소개한 지역의 고유식물과 상징식물을 요약해보면 다음과 같다.*

① 서울시에는 남산의 분취, 도봉산의 노랑할미꽃과 산개나리 같은 고유식물이 있고, 상징식물은 개나리와 은행나무다.

② 경기도에는 광릉의 그늘개고사리와 그늘참나물과 붉은조개나물, 천마산의 점현호색, 명지산의 홀아비바람꽃, 수리산의 흰꼬리풀 등의 고유식물이 있고, 상징식물은 서울과 같이 개나리와 은행나무로 정했다.

③ 강원도에는 금강봄맞이, 금강초롱꽃, 금강제비꽃, 정선황기 등 여러 특산식물이 있고, 야생식물의 군락지도 많이 발견되었다. 설악산에 한계령풀과 금강초롱과 금강애기나리 군락지, 태백산 정상에 노랑무늬붓꽃 군락지가 있다. 삿갓사초·기생꽃·비로용담·끈끈이주걱·조름나물 등의 군락지인 대암산의 용늪은 습지식물의 서식처로 유명하다. 강원도의 상징식물은 철쭉과 잣나무다.

④ 충청북도에는 속리산의 속리기린초, 영춘 삼태산의 연잎꿩의다리, 민주지산의 어리병풍 등의 고유식물이 있고, 상징식물은 백목련과 느티나무다. 충청남도에는 계룡산의 솜분취, 벌개미취, 참갈퀴덩굴 등의 고유식물이 있고, 안면도는 소나무 특히 해송의 군락지로 유명하며, 국화와 능수버들을 상징식물로 정했다.

---

* 이남숙·여성희,《피어라 풀꽃》, pp. 206~221, 다른세상, 2000.

⑤ 전라북도에는 덕유산의 어리병풍, 부안의 미선나무, 내장산의 자란, 지리산의 세모부추 등의 고유식물이 있고, 백일홍과 은행나무를 상징식물로 정했다. 전라남도에는 백양산의 백양나무와 나래완두, 지리산의 모데미풀과 구슬오이풀, 관매도의 갯돌나물과 개족두리풀, 거문도와 보길도 등 도서 지방의 새끼노루귀, 완도의 참곰비늘고사리 등의 고유식물이 있고, 동백꽃과 은행나무가 상징식물이다.

⑥ 경상북도에는 주왕산의 둥근잎꿩의비름, 가야산의 가야산잔대·가야물봉선·가야산은분취, 울릉도의 큰노루귀·섬제비꽃·털바위떡풀·섬기린초·섬장대·섬자리공·울릉장구채 등의 특산식물이 있고, 상징식물은 백일홍과 느티나무다. 경상남도에는 지리산의 매미꽃·지리산개별꽃·자주솜대, 거제도의 옥녀꽃대 등의 고유식물이 있고, 소백산에 주목과 산철쭉 군락지가 있으며, 상징식물은 장미와 느티나무로 정했다.

⑦ 부산시에는 동래엉겅퀴, 실제비쑥, 부산사초(검둥사초), 흰애기풀 같은 특산식물이 있고 동백꽃을 상징식물로 정했다.

⑧ 제주도에는 제주황기, 제주괭이눈, 흰그늘용담, 좀구슬봉이, 개강활, 제주물봉선, 섬쥐손이, 두메대극, 섬꿩의비름, 한라노루오줌, 한라장구채, 바위미나리아재비, 구름체꽃, 섬거북꼬리 등 다양한 특산식물이 있고 문주란과 비자나무 군락지가 있다. 상징식물은 참꽃과 녹나무다.

귀화식물의 확장

우리나라의 산과 들 때로는 집 근처에서 흔히 볼 수 있는 야생화 중에는 우리나라 토종이 아닌 외래종이 꽤 많다. 분꽃, 봉선화, 달맞이꽃, 토끼풀, 코스모스, 해바라기, 자주달개비, 나팔꽃 등은 우리에게 상당히 친숙하지만, 우리 고유의 꽃이 아니고 외국에서 들어와 우리 땅에 자리를 잡으면서 귀화해가고 있다. 이처럼 외국에서 들어온 식물이 여러 세대를 거치면서 우리나라의 토양과 기후에 적응해 토착화한 것을 귀화식물이라고 한다. 우리나라에는 현재 230여 종의 귀화식물이 있는 것으로 알려졌지만, 아직 확인되지 않은 귀화식물이 더 있을 것으로 보고 있다.

귀화식물 중에는 관상을 목적으로 들여온 것이 토착화한 경우도 있으나, 대부분은 외국의 화물이나 사람의 몸에 붙어 모르는 사이에 유입된 식물들이다. 또 곡물이나 사료, 임산물 수입 과정에 딸려들어온 식물들도 많다. 근간에 퍼지는 귀화식물은 거의 잡초로, 생명력과 번식력이 강해 자생식물을 밀어내고 그 자리를 차지하고 있다. 특히 자연이 파괴되는 곳을 거점으로 전국으로 번져나가면서 토종식물을 멸종위기로 몰아넣는다. 경제발전과 더불어 자연서식지가 파괴되고 공장, 택지, 도로 등이 들어서면서 이들 귀화식물의 빠른 서식지 확장이 생태계를 교란시키고 있다.

자생식물 유출

우리나라는 사계절이 뚜렷하고 계절별 강수량 차이가 커서 극심한 건조기와 장마철이 공존한다. 이런 환경은 식물이 생장하기에 바람직한 조건은 아니지만, 이렇듯 극심한 기후변화에 적응해 살아남은 우리나라의 자생식물들은 기후변화에 대한 내성이 강하고 꽃색도 선명하다. 또 의약품 및 기능성물질의 신소재 등으로 이용할 수 있는 2차대사물의 함량이 매우 높아 자원식물로 세계적인 경쟁력을 가지고 있다. 바로 그렇기 때문에 오래전부터 우리의 유전자원이 국외로 많이 반출되었다.

1800년대 중반부터 우리나라를 드나드는 외국 배의 선장과 선원, 식물학자, 선교사 등을 통해 우리나라의 귀중한 자산이 아무런 제재 없이 국외로 반출되었다. 지금까지 국외로 반출된 국내 자생식물이 몇 종인지 정확하게 확인할 수는 없지만, 전문가들은 유용가치가 있는 거의 모든 종이 반출되었을 것으로 보고 있다. 이렇게 국외로 반출된 자원식물이 품종 개량을 통해 새로운 품종으로 변신해 우리나라로 역수입되는 실정이다.

국외로 반출된 유전자원 가운데 가장 아까운 것 중 하나가 나리류다. 우리나라의 하늘나리, 날개하늘나리, 땅나리, 중나리, 참나리, 털중나리 등은 백합의 종류 중 절화로 많은 사랑을 받는 아시아교배종(Asiatic hybrid)을 육성하는 데 많이 이용되었다. 세계 라일락 시장에서 가장 인기가 있는 품종으로 키가 작고 꽃색과 향이 짙은 미스김라일락(Miss Kim Dwarf Lilac)도 북한산에서 자생하는 정향나무에 반한 미국인이 종자를 채취해 본국으로 가져가 품종 개량을 통해서 만들어낸 것이다.

이와 같이 외국으로 유전자원이 밀반출되는 것을 막고, 국내에서도 남획되고 있는 야생동식물을 체계적이고 적극적으로 보호하기 위해, 뒤늦은 감이 없지 않지만 야생동식물보호법이 제정되어 2005년 2월부터 시행되고 있다. 이 법에 의해 보호를 받는 멸종위기의 야생식물은 광릉요강꽃·나도풍란·만년콩·섬개야광나무·암매·죽백란·풍란·한란 등 I급 8종과 가시연꽃을 비롯한 56종의 II급 식물이다. 이들 멸종위기 식물은 자생지에서는 거의 사라졌으나, 다행스럽게 깽깽이풀·히어리·미선나무·가시오가피 등은 재배법과 인공증식 방법이 연구되어 시중에서 손쉽게 구할 수 있다.

야생화의 미래를 어떻게 지킬 것인가?

최근 국제자연보전연맹(IUCN, International Union for the Conservation of Nature and Natural Resource)은 지구상에 서식하는 종 가운데 매년 20,000~25,000종이 멸종되고 있으며, 앞으로 20~30년 내에 50만~100만 종이 멸종될 것이라고 예측했다.

1972년 스톡홀름에서 국제환경회의가 개최된 이후, 국제적으로 다양한 생물의 멸종 방지를 위한 노력이 시도되었다. 1992년 리우 국제환경회의에서 처음 제기된 생물다양성협약이 채택되었고, 1993년 법이 발효되었다. 전세계 162개국이 가입했고 우리나라도 1995년 회원국이 되었다. 이 협약은 생물종의 다양성을 보호하고, 생물다양성의 지속 가능한 이용을 보장하며, 생물다양성에 의해 창출된 경제적 이익에 대해 선진국과 후진국이 정보를 공유하는 데 목적을 두고 있다.

우리나라도 그동안 산림청, 환경부, 문화재청 등에서 독자적인 법령을 마련해 생물의 멸종을 막고 생물종의 다양성을 유지하기 위한 노력을 기울여왔다. 특히 국제협약의 기준에 맞춰 새롭게 야생동식물보호법을 제정해 희귀식물과 멸종위기 식물을 보호하고 있으며, 남한에 분포되어 있는 우리 고유의 특산식물까지 보호하기 위해 '국외반출 승인 대상 식물자원' 190종을 지정해놓았다. 그러나 이제 법으로 특정 식물들만 정해 보호할 것이 아니라, 종의 다양성이 유지되도록 서식지를 보존하고 유전자원을 인공적으로 보전할 수 있는 다양한 방법을 모색해야 할 것이다.

식물이 자생지에서 계속 살아남을 수 있도록 보전하기 위해, 산을 깎아 도로를 내고 스키장 또는 골프장을 만들거나 집단 주거시설을 짓는 등의 무모한 개발은 금지해야 한다. 또한 약재나 원예용으로 산야의 식물을 무분별하게 채취해서는 안 된다. 특히 희귀식물이나 멸종위기 식물은 자연 상태에서도 개체수가 많지 않으므로 자연에서의 채취는 물론 금해야 한다. 또 관련 학자나 연구단체뿐 아니라 아마추어 동호인까지도 이들 식물의 대량 번식 방법과 재배법에 관해 좀더 적극적으로 연구해, 만일 식물의 자생지가 파괴될 위기에 놓이면 인공적으로 재배한 식물로 자생지를 복원할 수도 있어야 한다. 이런 취지에서 난과식물을 자생지에 돌려보내고자

기생꽃　　　　　　　　순채　　　　　　　　한계령풀

개느삼　　　　　　　　자주솜대　　　　　　　독미나리

미선나무　　　　　　　층층둥굴레　　　　　　백부자

모두 환경부 지정 멸종위기 야생식물 II급으로 지정되어 보호를 받고 있다.

하는 애호가들의 운동이 1990년대 중반에 활발하게 진행되기도 했다.

1990년대 초반 희귀식물 자생지 복원운동에 앞장섰던 서울여자대학교 이종석 교수의 활동을 살펴보면 여러 가지 예를 볼 수 있다. 제주도에서 나도풍란 자생지인 비자림에 풍란을 다시 심으면서 자생지의 풍란 보호에 힘썼다. 한란의 자생지인 돈내코를 발견하고, 그곳의 한란이 남획되어 자생지가 파괴되는 것을 막기 위해 울타리를 쳐 보호했으며, 천연보호구역으로 지정해줄 것을 도에 강력히 요구해 현재는 보호구역으로 지정되어 보호를 받고 있다. 또 남해의 풍란 자생지 복원을 위해 노력했고, 전라도 고창의 자생지에 석곡과 춘란을 돌려보내는 등 희귀식물 자생지 보호를 위해 난 애호가들과 함께 활발한 운동을 전개했다.

희귀식물이나 멸종위기 식물들이 자연서식지에 보존되는 것이 가장 이상적이지만, 그것이 여의치 않을 때는 자생지 이외의 장소에서 기관이 보전하는 방법을 도모해야 한다. 이를 위해 식물원과 수목원이 큰 역할을 할 수 있다. 세계적으로 1,600여 개의 중요한 식물원 및 수목원이 8만여 종의 식물을 보전하고 있다고 한다. 우리나라에서도 식물원과 수목원이 그 역할을 충실히 수행하고 있는데, 국립뿐 아니라 각 지방에 있는 자생식물원들은 자생식물의 보존뿐 아니라 교육적인 역할도 담당하고 있다.

또 식물들이 장기적으로 안전하게 살아남을 수 있고, 사람들이 식물들을 계속 경제적인 측면에서 이용할 수 있기 위해서는 종자은행 등을 이용해 유전자원을 장기간 보존할 수 있는 길을 모색해야 할 것이다.

이런 여러 가지 방법을 이용해 우리 자손들과 영구히 함께할 식물자원을 보다 적극적으로 보호해야 한다. 야생화 애호가들도 희귀식물의 재배법 확립, 인공교배를 통한 품종 유지와 개량에 일익을 담당한다는 자긍심을 느끼고, 우리의 꽃을 지켜낼 자세를 갖춰나가야 할 것이다.

사진_한승국

봄에 피는 야생화

2

금낭화 · 깽깽이풀 · 노루귀 · 돌단풍 · 동의나물 · 둥굴레 · 매

발톱꽃 · 매화마름 · 모데미풀 · 미나리아재비 · 민들레 · 복수

초 · 복주머니난 · 붓꽃 · 뻐꾹채 · 산마늘 · 산자고 · 삼지구엽

초 · 새우난 · 앉은부채 · 앵초 · 양지꽃 · 얼레지 · 연령초 · 은

방울꽃 · 자란 · 작약 · 제비꽃 · 족두리풀 · 진달래 · 처녀치

마 · 패모 · 할미꽃 · 현호색 · 홀아비바람꽃

11월 찬바람이 불어 몸을 움츠리게 되고 식물들의 마지막 잎새가 떨어지면서부터 우리는 바로 새순이 돋아 꽃이 다시 피는 봄을 기다린다. 그기다림은 매해 길고도 지루하다.

　이른 봄 그 길고 긴 겨울의 터널을 뚫고 제일 먼저 피는 꽃 중에는 '눈속에서 피는 꽃'이라는 애칭을 가지고 있는 것이 많다. 엄밀하게 말하자면, 눈 속에서 꽃이 피는 것이 아니라 눈 속에서 꽃을 피울 준비를 하는 셈이다. 그러다가 눈이 녹으면서 따뜻한 햇빛을 받아 광합성이 활발해져서 빠른 속도로 꽃대가 자라올라 꽃이 핀다. 이때 주위에 아직 눈이 남아 있는 경우가 있어 눈 속에서 꽃이 핀 것같이 보이기도 한다. 복수초, 앉은부채, 너도바람꽃, 얼레지 등이 눈 속에서 꽃이 핀다는 말을 많이 듣는다. 이렇게 일찍 피는 꽃들 중 깽깽이풀이나 노루귀 등은 잎이 나기도 전에 서둘러 꽃부터 피우기도 한다.

　낙엽활엽수림에 자생하는 꿩의바람꽃, 너도바람꽃, 노랑매미꽃, 얼레지, 현호색 등은 이른 봄에 꽃이 피고 활엽수의 잎이 커지기 전에 열매를 맺어 생활사를 끝낸다. 이는 그들이 자생하는 환경에서 일찍 생활사를 끝내지 않으면 큰 나무의 그늘에 가려서 광합성에 지장을 받아 생육이 부진하게 되고, 그러면 다음 대를 이을 수 없기 때문이다.

금낭화

Jakyung. S.

과명	현호색과(Fumariaceae)	학명	*Dicentra spectabilis* Lem.
다른 이름	(약)토당귀, (영)Bleeding Heart	개화기	4~6월

새색시가 차던 비단주머니 모양의 금낭화

우리나라 중남부 지방의 산기슭이나 골짜기, 초원뿐 아니라 태백산맥을 따라 지리산과 설악산 등의 높은 지대에서도 볼 수 있다. 키 40~60센티미터의 여러해살이풀로, 반그늘의 부엽질 토양에서 자란다. 잎은 한 자리에 세 개씩 모여나는데, 다시 세 갈래로 갈라진다. 꽃은 줄기의 한쪽으로 치우쳐 주렁주렁 매달려 피며, 각각의 꽃 모양이 옛날 여인들이 허리춤에 차던 주머니 모양을 닮아 '금낭화(錦囊花)'라는 이름이 붙은 것으로 보인다.

꽃은 안쪽부터 순서대로 주렁주렁 핀다. 꽃잎은 네 개가 모여 심장 모양을 이루는데, 바깥쪽 두 장은 서로 붙어 있고 끝이 돌기처럼 길게 뻗어 주머니 모양을 만들며, 안쪽 두 장은 흰색으로 합쳐져 있다. 우리나라에 자생하는 금낭화는 주로 붉은색 계열이다(중국에서는 흰색 꽃도 볼 수 있다). 외국에 소개된 후 많은 품종이 개량되어 다양한 꽃색의 여러 종류가 개발, 보급되고 있다. 유독성 식물이지만 약용, 조경소재로도 쓰인다.

● **꽃 피는 시기_** 남부 지방에서는 3월 말부터 꽃이 핀다. 중부 지방에서는 4~6월에 꽃이 피고 바로 종자를 맺는다. 6~7월이면 꼬투리가 익기 시작하는데, 다 익으면 속에 까만 종자가 있다.

● **이용_** 시골에서는 어린순을 나물로 먹는다. 다만 독성이 있기 때문에 삶은 다음 며칠 동안 물에 우려내야 먹을 수 있다. 약용으로 이용하기도 하는데 생약명은 금낭근(錦囊根), 토당귀(土當歸) 등이다. 약용으로 쓰는 부위는 땅속줄기로, 혈액순환을 원활하게 하고 종기를 치료하는 효과가 있는 알칼로이드가 함유되어 있다. 타박상을 입거나 상처가 난 곳에 생잎을

찧어 붙이거나, 말려서 빻은 가루를 물에 이겨 붙인다. 말린 약재를 달여 먹으면 위통 진정에도 도움이 된다고 한다. 달인 물을 하루에 세 번 마시거나, 25도 이상의 소주에 담가 한 번에 5밀리리터씩 복용한다.

관상가치가 높은 금낭화는 약간 그늘진 정원을 화사하게 꾸밀 수 있는 좋은 소재다. 키도 아담하며 잎은 부드럽고 연한 질감이 돋보인다. 여러해 살이풀로 해마다 같은 자리에서 나며 계속 포기가 커진다. 화분에 심기도 하지만, 꽃이 지면 잎이 바로 누렇게 되는 점을 감안해야 한다.

● **재배 및 관리**_ 금낭화는 기르기가 그다지 어렵지 않은 야생화다. 반그늘에 적당한 물기가 있는 땅이라면 문제없이 매해 몸집을 키워간다. 다만 2~3년에 한 번씩 포기나누기를 해주어야 한다. 한곳에 너무 오래 방치하면 수세가 점점 약해진다.

화분에 심을 때는 마사토를 깔고 그 위에 마사토와 부엽토 등을 잘 섞어 넣고 심는다. 뿌리가 많이 자라므로 넉넉한 용기에 심는 것이 좋다. 물기가 촉촉한 곳에서 잘 자라지만 배수가 잘 되어야 한다. 화분의 흙이 바싹 마르는 것은 금물이므로 겉흙이 말랐을 때 곧 물을 준다. 거름을 좋아하므로 봄에 완숙퇴비를 얹어주고, 묽게 희석한 액비를 자주 뿌려준다.

금낭화는 씨뿌리기와 포기나누기를 통해 늘릴 수 있다. 6~7월에 꼬투리가 익기 시작하는데, 너무 익어 종자가 스스로 터지기 전에 줄기를 잘라 그늘에서 말려 채종한다. 종자를 받은 다음 바로 씨를 뿌리거나 다음 해 이른 봄에 뿌린다. 파종 후 건조하면 싹이 잘 트지 않으므로 물관리에 신경을 써야 한다. 금낭화는 씨뿌리기보다 포기나누기를 많이 이용하는데, 봄과 가을에 묵은 포기를 나눠 심을 수 있지만, 6월까지 꽃을 본 다음 휴면기로 들어간 포기를 10~11월에 나누는 것이 좋다.

깽깽이풀

Tony chien Li
2011. M

| 과명 | 매자나무과(Berberidaceae) | 학명 | *Jeffersonia dubia* Benth. | 개화기 | 4~5월 |

개미가 즐겨 찾는 깽깽이풀

매자나무과의 여러해살이풀로, 이른 봄 잎보다 먼저 꽃봉오리가 올라와 연보라색의 화사한 꽃을 피운다. 깊은 산속에서 자라는 깽깽이풀은 그동 안 무분별한 채취로 야생에서는 많이 사라져, 현재는 증식에 의해 보급되고 있다. 환경부에서 멸종위기 야생식물 II급으로 지정해 보호하고 있다.

꽃대가 먼저 올라와 꽃망울을 터뜨리면 원줄기 없이 뿌리줄기에서 바로 잎이 나온다. 보라색 꽃이 피는데 꽃받침은 4개, 꽃잎은 6~8개다. 수술은 8개인 반면 암술은 1개로 끝이 얕게 둘로 갈라졌다.

열매는 5월에 성숙된다. 종자는 진한 갈색으로 윤이 나고 끈끈한 액이 나오는데, 이 액에 당분이 포함돼 있어 개미 등의 곤충을 유인해서 씨앗을 다른 곳으로 전파시킨다.

잎은 둥글고 긴 잎자루가 잎의 중간 부분에 달려 있는 것이 연잎 같다. 둥근 방패같이 생긴 잎의 가장자리는 물결 모양이고, 녹색에 자줏빛이 섞여 있다. 뿌리줄기는 짧으며 옆으로 자라고 잔뿌리가 달린다.

● **꽃 피는 시기_** 4~5월경에 지름 2센티미터 정도의 연한 보라색 꽃이 피는데, 연한 것에서 진한 것까지 색감의 차이가 있다.

● **이용_** 9~10월경 뿌리줄기를 채취해 햇볕에 말린 후 약재로 사용한 다. 말린 뿌리줄기를 선황련(鮮黃連)이라고 하는데, 노란색을 띠는 베르베 린(berberine)이 유효성분으로 강한 항균작용을 한다. 건위제로도 유용하고, 습열설사와 이질 및 장염에 좋으며, 열을 다스리고 해독하는 효능이 있다고 알려져 있다. 종기, 구내염, 안질 등에 쓰인다.

● **재배 및 관리 _** 보습이 잘 되고 유기질이 풍부한 비옥한 토양에서 잘 자란다. 화분에 심을 때는 굵은 마사토를 밑에 깔고 배양토와 마사토를 섞어 사용한다. 잔뿌리가 잘 발달해 화분을 쉽게 꽉 메우므로 처음부터 넉넉한 용기에 심는 것이 좋다. 납작하고 넓은 화분에 여러 포기를 모아심으면 개화기에 꽃이 가득 덮어 장관을 이룬다.

꽃이 빨리 진다는 단점이 있지만, 꽃이 진 후에라도 잎의 모양과 색이 독특하므로 관상가치가 높다. 키가 낮은 화분에 심을 때는 가장자리보다 가운데 흙을 높여 언덕처럼 만들어서 심는 게 보기에 좋다.

밝은 아침 햇살이 비치는 동향에서 잘 자란다. 그늘이 너무 깊거나 직사광선이 심한 곳에서는 생육이 저조하다. 더위에 약한 편이며, 건조하거나 강한 햇빛에서는 잎이 쉽게 마르므로 주의해야 한다.

꽃이 지고 40일 정도 지나면 씨가 익는다. 5월 중순에서 하순 사이에 채종해서 곧바로 파종한다. 파종상자를 그늘진 곳에 두고 습기가 잘 유지되도록 보관하면 이듬해 봄에 발아한다. 싹이 튼 종자는 파종상자에 1년 동안 그대로 두고 물관리를 잘해 다음 해 옮겨심어서 재배하면 꽃을 볼 수 있다. 포기나누기는 봄이나 가을에 한다. 개체의 수를 빨리 늘리려는 욕심에 포기나누기를 너무 자주 하거나 포기를 작게 나누는 것은 좋지 않다.

노루귀

과명	미나리아재비과(Ranunculaceae)	학명	*Hepatica asiatica* Nakai
다른 이름	(영)Asian Liver Leaf	개화기	3~5월

하얀 털을 뒤집어쓴 노루귀

깔때기 모양으로 말려나오는 어린잎의 뒷면에 하얗고 기다란 털이 덮여 있는 모습이 노루의 귀처럼 보여 '노루귀'라는 이름이 붙은 여러해살이풀이다. 우리나라 전역에 널리 분포하는데, 특히 제주도와 남해의 새끼노루귀(*H. insularis* Nakai), 울릉도의 섬노루귀(*H. maxima* Nakai)는 한국 특산종이다.

키가 작아 눈에 잘 띄지 않으나, 무리지어 자라기 때문에 이른 봄 산행에서 쉽게 만날 수 있다. 꽃은 4월에 잎이 나오기 전에 먼저 핀다. 좋아하는 생육환경은 낙엽광엽목이 많고 부엽질이 풍부한 곳, 여름에는 서늘하고 겨울에는 빛이 잘 드는 양지쪽이다. 꽃이 작고 앙증맞으며 꽃색도 아름다워 일반 가정에서도 활발히 재배되고 있다.

어린잎은 물론이고 꽃봉오리도 하얀 털로 덮여 있는 것이 노루의 귀 같다.

● **꽃 피는 시기_** 3~5월 잎이 나기 전에 꽃이 먼저 피는데 꽃색이 아주 다양하다. 기본적으로 흰색, 분홍색, 보라색이 있으나 연분홍에서 진분홍, 연보라에서 자주색에 가까운 진보라, 남색까지 색감이 다양하다. 꽃잎에 줄무늬가 있는 것, 꽃잎 가장자리에 흰색 테가 있는 것도 있다.

● **이용_** 주로 관상용으로 화단이나 화분에 심어 감상한다. 노루귀는 지구의 북반구 온대지역에 널리 분포되어 있는 여러해살이풀로, 최근 관상가치가 인정되어 각광을 받고 있다. 작고 앙증스러운 꽃의 모양과 다양한 꽃색은 수집가들의 마음을 사로잡기에 충분하다. 우리보다 앞서 일본인들이 노루귀를 들에서 정원이나 실내로 끌어들이기 시작했다. 또 우리나라에 자생하는 아시아티카종뿐 아니라 서양노루귀(*H. noblis*)를 이용해 다양한 재배종을 육성해서 재배하고 있다.

민간에서는 장이세신(獐耳細辛) 또는 파설초(破雪草)라고 해서 진통제 또는 진해제로 사용하지만, 유독성 식물이다. 속명 헤파티가(*Hepatica*)는 간(肝)을 뜻하는 그리스어(*bepar*)에서 유래했는데, 잎이 간과 같은 형태(liver-like shape)임을 나타낸다. 식물이 인체의 한 부위와 같은 모양일 경우, 그 부위에 대해 약효가 있다는 약징론(藥徵論, Doctrine of Signatures)에 따라, 유럽에서는 중세까지 노루귀가 간을 치료하는 데 약효가 있는 것으로 믿었다.

● **재배 및 관리_** 포트묘를 쉽게 구할 수 있으므로 모종을 구입해서 재배를 시작한다. 화분 밑에 굵은 마사토를 깔고, 마사토와 부엽 또는 퇴비가 많이 든 혼합토를 섞은 흙을 담은 후 포트에서 뽑은 모종을 심는다. 여러 포기를 한데 모아심어 소담스럽게 기르면 보기에 좋다. 야외에 심을 때는

양분이 많고 수분이 촉촉한 나무그늘에 심는다.

직사광선을 피하고 반그늘이나 밝은그늘에서 키운다. 고온을 싫어하므로 여름나기에 특히 신경을 써야 한다. 꽃이 진 다음에도 잎이 아름다워 관상가치가 높은 종류도 있는데, 이들도 나무 밑이 아니라면 적어도 40퍼센트 정도 차광을 해주어야 한다.

분갈이는 2~3년에 한 번 해준다. 분갈이에 적당한 시기는 4월 중순에서 6월 초순, 8월 하순에서 10월 중순까지의 기간이다. 용토는 통기성이 좋고 배수가 잘 되어야 한다. 마사토를 사용할 때는 미리 씻어서 고운 가루를 제거해 물빠짐을 개선하면 고온다습한 여름철에 뿌리가 썩는 것을 예방할 수 있다. 분갈이와 포기나누기 방법은 39쪽과 50쪽을 참조한다.

노루귀는 씨뿌리기, 포기나누기, 뿌리꽂이 등의 번식법으로 늘릴 수 있다. 씨는 5~6월에 채종해서 바로 뿌린다. 본잎이 4~5장 나오면 옮겨심어 3년 정도 키우면 꽃이 핀다. 특별히 꽃가루받이를 하지 않아도 종자가 맺히지만, 다양한 꽃을 얻기 위해서 다른 꽃과 인공교배를 하는 것도 좋다. 어미포기와 다른 새로운 교배종을 만들어보는 것도 의미 있는 일이다.

뿌리꽂이의 적기는 8월 하순에서 10월 중순까지다. 가을 분갈이를 할 때 뿌리에 붙어 있는 흙이나 오래된 땅속줄기를 잘라내고 2~3센티미터 길이로 자른다. 화분에 고운 새 용토를 넣고 준비된 뿌리를 옆으로 눕힌 다음 2~3센티미터 용토를 덮고 물을 준다.

돌단풍

2010
Han youngsook

과명	범의귀과(Saxifragaceae)	학명	*Aceriphyllum rossii* Engler
다른 이름	장장포, 부처손, 돌나리	개화기	4~6월

돌틈에 자라는 단풍잎, 돌단풍

　여러해살이풀로 우리나라 중부 이북에서 만주까지 이르는 넓은 지역의 냇가 바위 표면이나 바위틈에 자란다. 꽃줄기가 30센티미터까지 크기도 하지만 보통은 낮게 자란다. 잎이 줄기에서 한두 장씩 짝지어 여러 개 나오며, 잎 모양이 단풍잎을 닮아 '돌에 사는 단풍'이라는 뜻으로 '돌단풍'이라는 이름이 붙었다. 속명(Aceriphyllum)은 단풍(Acer)이라는 뜻의 라틴어와 잎(phyllum)을 뜻하는 그리스어의 합성어로, 단풍잎 같은 잎을 가진 식물을 의미한다. 장장포, 부처손, 돌나리라고도 불린다.

　● **꽃 피는 시기**＿ 흰색 꽃이 4~6월에 피는데, 잎에 비해 모양새가 떨어진다. 30센티미터 정도의 꽃대에 원추형으로 꽃이 달린다. 보통 흰 꽃이지만 간혹 연분홍색 꽃도 발견된다. 꽃잎, 꽃받침, 수술이 각각 여섯 개다. 달걀형의 '튀는열매(蒴果)'가 7~8월에 익으면 스스로 벌어져 종자가 사방으로 흩어진다.

제주도에 있는 세계야생화박물관 방림원에서 재배하는 돌단풍.

● **이용**_ 꽃이 피기 전 연한 줄기를 생으로 먹거나 데쳐서 나물로 먹는다. 돌단풍은 정원용 소재로 효용가치가 높다. 정원의 그늘진 곳이나 바위 정원에서 모양이 돋보인다.

● **재배 및 관리**_ 돌단풍을 재배하기에는 오전에 빛이 들고 오후에는 그늘이 지는 장소가 적합하다. 물가에 자생해 공중습도가 높은 환경을 좋아하지만 뿌리는 습한 것을 싫어하므로, 용토는 물빠짐이 잘 되도록 굵은 마사토와 부엽이 적당히 섞인 혼합토를 사용한다. 주로 뿌리를 나누는 방법으로 번식한다.

동의나물

Song Sung Joo

과명	미나리아재비과(Ranunculaceae)	학명	*Caltha palustris* var. *membranacea* Turcz.
다른 이름	동이나물	개화기	4~5월

어린잎을 나물로 먹는 동의나물

전국 산속의 습지에서 자라는 여러해살이풀이다. 이른 봄 산행을 할 때, 운이 좋으면 막 녹아내리기 시작한 산속 물가에서 작은 동의나물 군락을 만날 수 있다. 지리산 정상에는 제법 넓은 동의나물 군락지가 있다고 한다.

동의나물의 뿌리는 희고 수염처럼 생겼다. 뿌리에서 돋는 잎(根生葉)이 뿌리 주변에 모여나는데, 둥근 심장형 또는 콩팥형이다. 길이와 너비가 각각 5~10센티미터이고, 가장자리는 둔한 톱니가 있거나 밋밋하다. 둥근 잎을 깔때기 모양으로 말아, 주변 습지에서 물을 떠올려 목을 축일 수 있는 작은 동이를 만들 수 있다는 뜻에서, 지방에서는 '동이나물'이라고 부른다고도 한다.

꽃은 지름이 2센티미터 정도이며 꽃잎은 없다. 꽃대는 5~13센티미터로 자라고, 달걀형 타원 꽃받침이 꽃잎 같아 보인다. 수술은 많고 자방은 1~8개로 좁고 길다.

● **꽃 피는 시기_** 샛노란 꽃이 보통 4~5월에 피는데, 줄기 끝에 두 개쯤 달린다. 꽃이 진 후 1센티미터 정도의 열매 속에 씨가 4~16개 맺힌다.

● **이용_** 식용이 가능하기 때문에 이름 뒤에 '나물'이라는 말이 붙었지만, 독성이 있는 것으로 알려져 있으니 어린잎을 삶아 나물로 먹을 때는 주의를 기울여야 한다. 습한 곳을 좋아하기 때문에 아예 연못가에 심거나, 화분에 심어 물속에 담가 키우면 실내장식에 유용하게 활용할 수 있다. 샛노란 꽃이 아름다울 뿐 아니라, 꽃이 진 후에도 잎 모양이 예뻐 관상가치가 있다.

한방에서는 뿌리를 포함한 모든 부위를 약재로 이용한다. 가래가 끓거나 몸살기가 있을 때, 머리가 어지럽거나 상한 음식을 먹었을 때 치료제로 쓰인다. 골절상에는 뿌리를 찧어 붙이고, 치질에는 달인 물을 복용한다.

● **재배 및 관리** _ 부식질이 풍부한 반그늘의 개울가나 습지에서 잘 자라지만, 일반 노지에서도 재배가 가능하다. 줄기가 비스듬히 자라다가 땅에 누우면서 뿌리가 나면 그 부분에서 다시 곧은줄기가 나오면서 포기가 커진다. 번식시키려면 포기나누기를 하거나 6월에 종자를 채취해 습한 곳에 뿌린다.

둥굴레

2008. 8.
Kim yeon-Hee.

과명 백합과(Liliaceae)　학명 *Polygonatum odoratum* var. *pluriflorum* Ohwi　개화기 5~6월

구수한 차를 제공하는 둥굴레

봄이 오면 우리나라 전역의 산속 숲이나 약간 그늘진 곳에서 볼 수 있는 숙근초로, 일본과 중국에서도 발견된다. 둥굴레의 '둥굴'은 원(圓)을 뜻하는데, 잎이 둥글고 잎맥이 잎 끝에서 둥글게 모아지며, 은방울꽃과 비슷하게 둥근 꽃이 피기 때문에 붙여진 이름이라고 한다.

희고 굵은 뿌리줄기가 옆으로 뻗으면서 포기가 늘어난다. 30~70센티미터로 곧게 서는 줄기는 6각으로 모가 지고 잎이 달린 위쪽이 비스듬하게 휜다. 잎은 넓은 달걀형으로, 잎자루가 어긋나게 배열되었으나 한쪽으로 치우쳐 퍼진다.

● **꽃 피는 시기**_ 5~6월에 흰 꽃이 잎겨드랑이마다 한두 송이씩 늘어져 핀 것이 앙증맞고 귀엽다. 꽃은 통꽃으로 꽃부리 끝부분이 녹색을 띤다.

● **이용**_ 식용, 약용, 관상용으로 쓰이는데 특히 건강차로 널리 판매되고 있다. 개량종인 무늬잎둥굴레는 정원의 화초로 많이 재배된다. 3~5월에 어린싹과 잎을 따서 나물, 국거리 등으로 이용하고, 뿌리는 아무 때나 채취해 식용한다. 한방에서는 뿌리줄기를 '옥죽'이라 하여 자양강장, 당뇨 치료 등에 쓴다.

● **재배 및 관리**_ 양지바른 곳이나 반그늘의 사질양토에서 잘 자라지만 어떤 흙에서도 잘 견딘다. 이른 봄이나 늦가을에 심는 것이 좋다. 화분에서 기를 때는 산모래에 부엽을 30퍼센트 정도 섞어 사용한다. 포기가 늘어나는 속도가 빠르므로 2~3년에 한 번씩 분을 갈아주면서 포기나누기로

번식시킨다. 씨를 뿌려서 증식시키고자 한다면, 가을에 씨앗을 받아 바로 뿌리거나 이듬해 봄에 파종한다. 건조한 종자는 발아율이 떨어지므로 가을에 모래에 섞어서 야외에 묻었다가 4월에 옮겨심는다. 주로 포기나누기로 증식하지만 줄기꽂이를 할 수도 있다. 땅속줄기를 5~6센티미터로 잘라 모래에 심어두면 싹이 나오는데, 이를 옮겨심으면 된다.

● **유사종 _** 언뜻 보기에는 다 같아 보이지만, 둥굴레는 몇 가지 유사종이 있다. 꽃이 3~7개 달리는데 두 장의 커다란 포엽 안에 꽃이 두 개씩 들어가 분별이 쉬운 용둥굴레(*P. involucratum*), 키가 작으며 줄기가 휘지 않고 끝까지 바로 서는 각시둥글레(*P. bumile*), 잎 끝부분과 가장자리에 흰색 무늬가 있는 무늬둥글레(*P. odoratum* var. *pluriflorum*), 꽃부리가 갈고리처럼 갈라진 층층갈고리둥굴레(*P. sibiricum*) 등이 있다.

층층갈고리둥굴레   층층둥굴레

매발톱꽃

'08
Bang Swan

과명	미나리아재비과(Ranunculaceae)	학명	*Aquilegia buergeriana* var. *oxisepala* Kitamura
다른 이름	(약)누두채, (영)Columbine	개화기	6~7월

외국에서 더 많은 원예종으로 개량된 매발톱꽃

한국, 일본, 중국 등에 자생하는 여러해살이풀로 6~7월에 독특한 모양의 꽃이 핀다. '매발톱'이라는 이름은 꿀주머니 안쪽으로 꽃잎이 말린 모양이 매가 발톱을 오므린 것 같다고 해서 붙여졌다. 속명(Aquilegia)도 독수리를 뜻하는 라틴어(aquila)에서 유래했다. 영어이름 콜럼바인(columbine)은 '비둘기 같다'는 뜻이다.

매발톱꽃은 주로 햇빛이 잘 드는 계곡에서 자란다. 곧은줄기가 50~70센티미터로 자라며 윗부분에서 갈라진다. 꽃은 아래를 향해 다소곳이 피는 모습이 단아하다. 꽃잎과 꽃받침이 각각 다섯 장으로 흰색, 노란색, 하늘색이 기본이지만 자연교잡 및 인공교잡을 통해 다양한 색의 매발톱꽃이 개발되었다. 특히 근간에 교배육성된 원예종의 꽃색이 더 다양하고, 겹꽃도 볼 수 있다. 지금은 들에서 보기 어렵지만 재배와 번식이 쉬워 세계적으로 널리 재배되고 있다.

매발톱꽃은 단아한 꽃 모양과는 달리 유독식물이라는 점을 기억해야 한다. 화분에 심어 실내에 들였을 때는 어린아이들의 손길이 닿지 않도록 주의한다.

● **꽃 피는 시기** _ 주로 6~7월에 피는데, 빠른 경우 5월 말부터 핀다. 줄기 끝에 하나씩 아래를 향해 피며, 꽃받침은 자갈색, 꽃잎은 연한 노란색이다. 꽃이 진 후 한두 달가량 지나면 씨가 영근다. 열매꼬투리 끝이 열려 있기 때문에 거꾸로 매달아놓으면 종자를 잃을 수 있으니 주의한다.

● **이용** _ 약용과 관상용으로 쓰인다. 잎과 꽃이 모두 아름다워 관상가치

가 높다. 정원이나 화분에 심거나 꽃꽂이용 절화로 쓰기도 한다. 약용으로 쓰일 때는 '누두채(漏斗菜)'라고 해서 뿌리 또는 줄기를 말려 이용하는데, 만성기관지염·소아폐렴·이질·장염에 주로 쓰이고, 통경활혈(通經活血)에 효능이 있어 여자들의 월경과 관련해 사용한다.

● **재배 및 관리** _ 통기성과 배수성이 좋은 사질양토를 이용해 양지바른 곳에 심는다. 내한성과 내건성이 강하지만 건조한 곳보다 다소 습한 장소에서 잘 자란다. 습기를 좋아하는 편이지만 배수가 잘 안 되는 경우에는 장마철에 병충해가 생기기 쉽다. 장마 후에 흰가루병이 많이 발생하므로 통풍에 특히 유의한다.

화분에 심을 때는 몇 포기씩 모아심는 것이 더 풍성하게 꽃의 아름다움을 감상할 수 있는 방법이다. 화분 바닥에 굵은 마사토를 깔고, 그 위에 중간 크기의 마사토와 부엽토(또는 배양토)를 잘 섞어 넣은 다음 심는다. 화분은 양지바른 곳에 두고, 물이 마르지 않도록 물관리를 해야 하지만 습하면 뿌리가 썩어 죽을 수 있으니 주의한다. 포기가 너무 커지면 잎만 무성하고 꽃이 작아지는 경향이 있으므로 봄이나 가을에 분갈이를 해준다.

증식은 주로 씨앗뿌리기나 포기나누기로 한다. 이른 여름에 꽃이 지고 나면 열매가 익으면서 꼬투리가 밝은 갈색으로 변하기 시작한다. 진한 갈색이 되어 꼬투리가 터지기 전에 씨앗을 받아 바로 뿌리면 2주 정도 후 싹이 나온다. 가을에 옮겨심으면 이듬해 여름에 꽃을 볼 수 있다. 받아둔 씨앗을 저장했다가 이듬해 이른 봄 화분이나 노지에 뿌려도 좋다. 3~4년에 한 번씩 땅속줄기를 눈을 붙여 나눠서 포기를 늘려간다.

● **유사종** _ 하늘매발톱꽃(*A. flabellata* var. *pumila*)은 매발톱꽃과 매우 비

숫하나 키가 조금 작아 매발톱꽃이 50~100cm로 자라는데 비해 30cm 정도로 자란다. 꽃은 더 큰데 보라색이고 꽃잎 안쪽이 미색이다. 하늘매발톱꽃이라는 이름은 꽃색이 하늘색이라 주어진 이름이 아니고 고산지대에 자라기 때문에 붙여진 이름이다. 하늘매발톱꽃은 백두산이나 낭림산 같은 고산지대에 자생한다.

노랑매발톱꽃(*A. oxysepala* var. *allidifloras*)은 매발톱꽃의 경우 꽃받침이 자갈색이고 잎만 미색인 데 반해 꽃 전체가 미색에 가깝다.

매화마름

| 과명 | 미나리아재비과(Ranunculaceae) | 학명 | *Ranunculus kazusensis* Makino | 개화기 | 4~5월 |

멸종위기의 희귀식물 매화마름

꽃은 물매화를, 잎은 붕어마름을 닮았다고 해서 '매화마름'이라는 이름이 붙었다. 여러해살이 물풀로, 키가 50센티미터에 달하며 마디에서 뿌리가 내린다. 잎이 실처럼 가늘게 갈라지고 줄기의 속이 비어 있는 것은 물살에 저항을 덜 느끼도록 환경에 적응한 것이다.

물위에 작은 흰 꽃이 떠 있는 모습이 매화가 물위에 뿌려진 것 같다 하여 '매화마름'이라는 이름이 붙었다는 이야기도 있지만, 실제로는 그렇게 아름답고 고상한 식물이 아니라 잡초로 취급되는 야생화다. 논이나 물가의 밭두렁에 자생하면서 벼나 콩 같은 농작물을 괴롭히는 잡초로 여겨져, 제초제로 무차별 제거하기 시작하면서 군락지가 거의 훼손되었다. 지금은 멸종위기의 희귀식물이다.

매화마름은 한때 아주 멸절된 종으로 알려졌으나, 다행히 얼마 전 강화도 초지진의 농사를 짓지 않고 버려둔 논에서 군락을 이루고 자라는 것이 발견되었다. 이 군락지는 현재 시민단체인 내셔널트러스트와 지역민들에 의해 잘 보전되고 있다.

● **꽃 피는 시기_** 4~5월에 잎과 마주난 꽃대가 물위로 올라와 끝에 지름 1센티미터 정도의 흰 꽃이 핀다.

● **이용_** 내셔널트러스트에 의해 군락지가 보전된 것을 계기로 시중의 시선을 모으는 식물이 되었지만 그 쓸모는 알려진 것이 별로 없다. 고상한 이름과 달리 그리 아름답지도 않고 쓸모도 알려지지 않아 물속의 잡초 정도로 취급받다가 멸종위기 식물로 희귀성이 알려진 뒤로 재배하고자 하는

사람이 늘면서 작은 연못이나 자배기 등에 심어 관상하고 있다.

● **재배 및 관리 _** 논에서 자라는 귀찮은 잡초였기 때문에 누구도 집에 들여 키울 생각을 하지 않았을 것이다. 희귀식물로 이름이 알려진 다음에야 관심의 대상이 되었고 재배해보려는 사람도 늘었다. 물풀을 전문적으로 키우는 곳에서 취급하고 있지만, 일반적으로 재배하기가 쉽지는 않다고 한다. 자배기 등에 마사토를 섞은 무거운 흙을 넣고 물을 너무 깊지 않게 부어 키운다. 여러해살이라고 하지만, 자연에서는 씨가 바로 밑에 떨어져 그 자리에서 계속 자라 올라오는 것으로 보는 견해도 있다. 꽃이 진 뒤 별 모양의 열매가 맺히는데, 때를 놓치지 않고 씨를 받아 물이 자작한 땅에 뿌리거나 줄기를 꺾꽂이해 늘려갈 수 있다.

내셔널트러스트 운동이 살려낸 매화마름 자생지

내셔널트러스트(National Trust) 운동은 시민들의 자발적인 모금이나 기부, 증여를 통해 보존가치가 높은 자연자원과 문화유산을 확보, 시민의 소유로 영구히 보전하고 관리하는 시민운동이다.

내셔널트러스트 운동은 19세기 후반 영국에서 산업혁명으로 급격하게 경제성장이 이루어지면서 무차별적인 개발로 인한 자연환경의 파괴, 그리고 자연과 문화유산의 독점적 소유에 의해 야기된 각종 사회문제를 해결하는 방안의 일환으로 시작되었다. 1895년 변호사 로버트 헌터(Robert Hunter)를 비롯한 세 사람이 발족한 이래, 현재 전 세계 30개국이 동참하는 국제적 시민운동으로 발전했다. 우리나라는 2000년에 한국내셔널트러스트가 창립되었으며, 시민유산 1호로 강화도 매화마름 군락지를 시민의 모금으로 사들여 보전하고 있다.

모데미풀

Yang sisook.
2008.

| 과명 | 미나리아재비과(Ranunculaceae) | 학명 | *Megaleranthis saniculifolia* Ohwi | 개화기 | 4~5월 |

지리산 자락 모데미골에서 찾아낸 모데미풀

설악산, 소백산, 덕유산, 지리산, 한라산 등 고산지대에서 자생하는 우리나라 고유식물이다. 깊은 산의 습지 또는 능선 주위, 북사면의 습한 낙엽수림 하부에서 자라는 것으로 알려졌다. 키가 20~30센티미터인 여러해살이풀로, 뿌리에서 난 잎은 잎자루가 길며 잎몸은 3~5개로 깊게 갈라졌고 가장자리에 톱니가 있다. 꽃은 꽃받침과 꽃잎이 각각 다섯 장이다. 하얀 꽃받침이 꽃잎 같고, 꽃잎은 꿀샘을 이루며 황색을 띠는데 크기가 2밀리미터 정도여서 수술로 착각하기 쉽다. 암술과 수술이 각각 여러 개다.

'모데미'는 이 식물이 처음 발견된 지리산 속 한 마을의 이름이다. 일본 학자 오이 지사부로(大井次三郎)가 답사차 지리산을 방문했다가 우연히 발견해 1935년 등록했다. 지금은 점점 사라져서 환경부가 희귀 및 멸종위기 식물로 지정해 보호하고 있다.

● **꽃 피는 시기**_ 꽃은 4~5월에 피며, 중앙부에서 지름 5밀리미터 정도의 꽃자루가 하나 나와 그 끝에 지름 2센티미터 정도의 흰 꽃이 달린다.

● **이용**_ 주로 관상용이다. 희귀한 식물이기 때문에 야생화 애호가들이 수집해 재배하고자 하지만, 몇몇 전문가를 제외하고는 성공하지 못하고 있어 희귀종으로 취급된다.

● **재배 및 관리**_ 자생지에서 점점 그 수가 줄어드는 야생화이므로, 전문가들이 증식에 힘써 일반에 보급할 필요가 있다. 여름의 더위에 약하고 수분조건을 맞추기가 쉽지 않은 것으로 알려져 있다. 바람이 잘 통하고 부

식질이 풍부한 토양에 심어, 직사광선을 피하고 습기가 많은 곳에서 재배하는 것이 좋다. 화분에도 재배할 수 있는데, 제주도 방림원에서 본 화분에 모아심은 모데미의 모습은 아주 인상적이었다.

번식은 씨뿌리기를 통해 하는데, 6월에 씨가 완전히 영근 다음 파종상자에 뿌려 서늘하고 습하게 유지해준다.

미나리아재비

Jieun Shin '11

| 과명 | 미나리아재비과(Ranunculaceae) | 학명 | *Rananculus japonicus* Thunb. | 개화기 | 5~6월 |

미나리가 아닌 미나리아재비

　습기 있는 양지바른 풀밭에서 자라는 여러해살이풀이다. 줄기는 50~70
센티미터로 곧게 자라고 전체에 흰 털이 난다. 전체적으로 미나리를 닮았
다 하여 '미나리아재비'라고 불린다. 그러나 미나리는 작은 꽃이 우산 모양
으로 모여피는 산형과(繖形科)인 반면, 미나리아재비는 갈라진 작은 꽃대
끝에 꽃이 하나씩 핀다. 뿌리잎은 잎자루가 길고, 잎몸이 3~5개로 갈라지
는데, 그 갈래에서 다시 2~3개로 갈라지며, 가장자리에 불규칙한 톱니가
있다. 줄기잎은 위로 갈수록 잎자루가 짧아지며, 줄기 끝에 노란 꽃이 핀
다. 꽃잎과 꽃받침은 각각 다섯 장이고, 암술과 수술은 여러 개다. 대부분
의 미나리아재비는 군락을 이루며, 유사종으로 산미나리아재비가 있다.

　● **꽃 피는 시기_** 5~6월 꽃대 끝에 노란 꽃이 여러 송이 취산화서로 핀
다. 지름이 12~20밀리미터이고, 광택이 나서 다른 노란 꽃들과 구별된다.

　● **이용_** 관상용, 약용으로 쓰인다. 유독성 식물로 알려졌으나 한방에서
는 뿌리를 포함한 모든 부위를 해열, 진통, 소종 등을 위한 약재로 쓴다.

　● **재배 및 관리_** 햇빛이 잘 드는 곳이면 흙을 가리지 않으므로 척박한
곳에 심어 키가 너무 크게 자라지 않도록 한다. 습기가 있는 땅에 자생하
는 식물이므로, 주로 연못가 등의 습지에 심는다. 진 꽃을 따주면 꽃이 다
시 올라온다. 습기가 많은 양지바른 곳에서는 세력이 너무 강해져 다른 식
물의 자리까지 침범해서 문제가 되기도 한다. 봄과 가을에 포기나누기를
하거나 채종한 종자를 바로 뿌리고 발아할 때까지 물을 충분히 준다.

민들레

'08 Lee SoonRye.

과명	국화과(Compositae)		학명	*Taraxacum platycarpum* Dahist.	
다른 이름	들레, 앉은뱅이, 금잠채, 고체, (약)포공영, (영)Dandelion, Blowballs			개화기	4~5월

씨가 솜털을 달고 멀리 비행하는 민들레

4~5월에 꽃이 피는 국화과 식물로, 줄기가 거의 없이 뿌리에서 바로 잎이 나와 땅에 딱 붙은 로제트형으로 자란다. 생명력이 강해 돌틈이나 도로변에서도 흔히 볼 수 있는 것은 대부분 서양민들레로 외국에서 귀화한 식물이며, 우리나라 자생민들레는 찾아보기 힘들다. 서양민들레는 한국전쟁 이후 원조물자(곡물)가 들어올 때 묻어와 자생민들레를 밀어냈다. 꽃받침으로 구분할 수 있는데, 자생민들레의 꽃받침은 모두 위쪽을 향하지만, 서양민들레는 반 정도가 아래로 젖혀져 있다. 또 자생민들레는 줄기가 약하고 길지만 서양민들레는 짧고 굵다.

민들레는 꽃이 지고 나면 그 자리에 하얀 솜털이 달린 열매를 맺는다. 그 열매가 꽃 못지않게 아름다우며, 건드리거나 혹 불면 바람을 타고 씨가 멀리 비산(飛散)해 종자를 퍼뜨린다. 제초작업을 할 때 아직 씨가 맺히지 않은 꽃이 달린 식물체를 뽑아내도 곧바로 치우지 않으면, 보통 꽃은 그 자리에서 시들지만 민들레는 잎이 다 말라도 시든 꽃자리에서 어김없이 하얀 솜방망이 열매가 익어 날아갈 준비를 하고 있는 것을 발견하게 된다.

● **꽃 피는 시기_** 노란색 꽃이 4~5월에 피는데, 아침에는 꽃잎을 활짝 열었다가 해가 지면 닫기를 여러 날 반복한다.

● **이용_** 어린잎은 나물로 먹는데, 쌈채로도 인기가 있다. 소화불량과 습관성 변비에 효능이 있다. 민들레술이나 무침은 정력에도 좋다고 한다. 뿌리는 해열·천식·가래에 복용하는데, 어려운 시절에는 커피 대용으로 쓰기도 했다. 한방에서는 뿌리가 달린 전초를 포공영(蒲公英)이라 하는데, 해

풀꽃의 씨 퍼뜨리기 전략

식물은 동물과 달리 태어나면서부터 죽을 때까지 한자리에만 붙박여 살아야 하는 운명을 타고난다. 하지만 현재 자라고 있는 환경이 열악할수록 더 넓은 지역에 더 많은 후손을 남겨 번창하기를 원한다. 그래서 자신은 자리를 떠날 수 없더라도 바람, 물, 동물들의 힘을 빌려 씨를 널리 그리고 많이 퍼뜨리는 전략을 구사한다.

민들레는 낙하산과 같은 솜털을 달고, 단풍나무는 씨에 날개를 달아 바람을 타고 비산한다. 문주란이나 야자 열매는 물에 잠겨도 물이 스며들지 못하는 두껍고 특별한 방수구조를 가지고 있어 원산지인 아프리카에서 해류를 타고 긴 여행을 한 끝에 제주도에 자생하게 되었다. 도꼬마리 같은 식물의 씨앗은 갈고리 모양이고 도깨비바늘은 가시 같은 털이 있어, 한번 사람 옷이나 동물의 털에 붙으면 떨어지지 않고 멀리 퍼져나간다. 또 새나 동물의 먹이가 되어 배설할 때 새로운 땅에 정착하기도 한다. 깽깽이풀이나 제비꽃은 개미가 좋아하는 분비물을 내서 개미를 유인해 씨를 운반하게 한다. 봉선화 등의 열매는 건드리면 바로 터지면서 씨가 멀리 튄다.

독·이뇨 효과가 있으며, 급성유선염·림프선염·위염·요로감염 등의 염증 치료에 쓴다. 줄기와 잎을 찧어 화상이나 사마귀에 붙이면 효능이 있는 것으로 알려졌다.

● **재배 및 관리 _** 양지식물이지만 반그늘에서도 잘 자란다. 배수가 잘 되면서도 보습성이 좋은 사질양토가 좋다. 강건한 식물이므로 특별한 관리가 필요없다. 깃털을 단 씨앗이 사방으로 퍼져 쉽게 발아하고 뿌리를 깊이 박고 여러 해를 살기 때문에, 잔디밭에서는 문제 되는 잡초로 취급받는다. 5~6월에 씨가 완전히 익어 깃털이 활짝 퍼지기 전에 채취해 봉투에서 말린 후 손으로 비벼 깃털을 제거하고 파종하면 바로 발아한다. 뿌리나누기로도 번식시킬 수 있지만 종자번식이 훨씬 쉽다.

복수초

과명	미나리아재비과(Ranunculaceae)	학명	*Adonis amurensis* Regel et Radde
다른 이름	설연화, 눈색이꽃	개화기	3~4월

눈 속에서 피는 꽃, 복수초

복과 장수를 가져다준다 하여 복수초(福壽草)라는 이름이 붙었다. 이른 봄 가장 먼저 핀다고 알려진 꽃으로, 흰 눈 속에 노란 꽃이 핀 사진을 달력 등에서 흔히 볼 수 있다.

눈 속에 피어난 모습이 연꽃 같다 하여 설연화(雪蓮花), 설날에 꽃이 핀다고 해서 원일초(元日草)라고도 불린다. 또 눈을 뚫고 나와 꽃이 핀다고 해서 '눈색이꽃', '얼음새꽃'이라는 우리말 이름도 붙었다. 그러나 실제로 눈 속에서 꽃이 피는 것이 아니라, 이른 봄 날씨가 따뜻해져 꽃이 피었는데 어쩌다 주위에 아직 녹지 않은 눈이 남았거나, 꽃이 핀 다음 늦은 눈이 내려 눈을 뚫고 꽃이 핀 것같이 보이는 것이라고 한다.

복수초는 줄기가 30~40센티미터까지 자라고, 잎은 어긋나며(互生) 3~4회 깃꼴로 갈라지는 겹잎이고, 밑동에 막질성 비늘잎이 있어 줄기를 감싸고 있다.

일본에서는 산야에 피는 복수초 외에 120여 품종에 이르는 많은 원예종이 개발되었다고 한다.* 우리나라에 자생하는 복수초는 크게 네 종류다. 제주도 지역에서 자라는 꽃이 크고 꽃이 필 때 잎이 같이 올라오는 복수초, 태백산 줄기를 따라 자라는 꽃이 작고 잎이 나중에 나오는 복수초, 한반도 서부의 도서와 남부에서 자라는 꽃은 크나 잎이 나중에 나오는 복수초, 그리고 광릉 지역에서 처음 발견되었다는 줄기가 몇 갈래로 갈라지는 가지복수초가 있다.

---

* 이정식 · 윤평섭,《자생식물학》, p. 340, 서일, 1996.

● **꽃 피는 시기 _** 복수초는 대부분의 봄꽃이 피기 전인 이른 봄에 낙엽이 많이 쌓인 양지바른 곳에서 노란 꽃을 피우는 여러해살이풀이다. 3~4월 경 원줄기 끝에 지름 3~4센티미터의 노란 꽃이 하나씩 위를 향해 핀다. 20~30장의 꽃잎이 포개어 달리고, 그 가운데 더욱 밝고 선명한 노란 수술이 가득하며, 그 안쪽으로 연두색 암술이 자리한다.

● **이용 _** 관상용으로 정원에 심거나, 뿌리를 약용으로 쓴다. 생약명으로는 설련(雪蓮), 장춘화(長春花)라고 불리며 강심제나 이뇨제로 이용된다. 유독성 식물이므로 식용으로는 쓰지 않는다.

● **재배 및 관리 _** 물빠짐이 좋은 밝은그늘이나 양지에 심는다. 화분에 심을 때는, 뿌리가 길게 자라므로 다소 깊은 화분에, 물빠짐이 좋고 통기가 잘 되도록 산모래에 부엽토를 20~30퍼센트 섞은 용토에 심는다. 겨울과 꽃이 피는 동안은 물을 적게 주고, 생육기에는 물을 충분히 주되 과습해서는 안 된다. 번식은 씨나 포기나누기로 한다. 씨가 영글면 받아서 바로 뿌리면 되는데, 싹이 난 지 4~5년 지나야 꽃을 볼 수 있다.

복주머니난

과명	난초과(Orchidaceae)	학명	*Cypripedium macranthum* Sw.
다른 이름	개불알꽃, (영)Slipper Orchid	개화기	5~7월

개의 불알 혹은 슬리퍼를 닮은 복주머니난

제주도와 울릉도를 제외한 전국 각지의 숲이나 풀밭에서 매우 드물게 자라는 여러해살이풀이다. 독특한 꽃 모양 때문에 '개불알꽃'이라고도 불리는 복주머니난은 남획으로 인해 현재 멸종위기에 처한 야생란이다.

잎은 4~5매로 타원형이고, 길이 8~20센티미터 너비 5~8센티미터이며, 주름이 지고 털이 있다. 꽃줄기는 20~40센티미터로 자라며 역시 털이 있다. 꽃은 세 장의 꽃잎과 두 장의 꽃받침으로 이루어졌다. 다른 난류가 세 장의 꽃받침을 가진 것과 달리 아래쪽 두 장의 꽃받침이 하나로 합쳐져, 전체적으로 두 장의 꽃받침이 상하에 하나씩 있다.

세 장의 꽃잎 중 아래 꽃잎, 즉 입술꽃잎은 주머니 모양을 하고 있다. 우리나라에서는 그 모습이 '개의 불알' 같다고 하지만, 서양에서는 슬리퍼의 앞부분 같다 하여 '슬리퍼난(Slipper Orchid)'이라고 한다. 복주머니난의 속명인 시프리페디움(Cypripedium)도 미의 여신 비너스를 뜻하는 시프리스(cypris)와 슬리퍼를 뜻하는 페딜론(pedilon)의 합성어다. 종명 마크란툼(macranthum)은 '큰 꽃'이라는 뜻이다.

야생에서는 습기가 많은 곳에서 잘 자라며, 군락으로 무리지어 피어 있는 곳을 지나면 소변 같은 이상한 냄새가 진동한다고 하지만, 그런 경우를 만나기란 쉽지 않다. 주머니 모양의 입술꽃잎에서 냄새를 방출한다.

● **꽃 피는 시기** _ 5~7월에 원줄기 끝에 분홍색의 큼직한 꽃이 한 송이씩 달린다.

● **이용** _ 특이한 모습의 큰 꽃이 사람들의 마음을 사로잡아 관상용으로

아주 가치가 높은 난이다. 한방에서는 이뇨·활혈·거습·진통의 약효가 있다고 알려져, 식물 전체를 몸이 붓거나 류머티즘 또는 타박상 등에 처방한다. 꽃을 말린 분말은 지혈제로도 쓴다.

● **재배 및 관리**_ 복주머니난을 재배하기는 쉽지 않다. 종자를 이용해 플라스크묘를 만들면 손쉽게 많은 모종을 얻을 수 있지만, 우리나라에서는 아직 플라스크묘가 판매되지 않고 있다. 일본에서는 통신판매를 통해서도 손쉽게 플라스크묘를 구할 수 있는데, 우리는 아직 더 많은 노력이 필요하다. 땅속줄기가 퍼지면서 눈이 많이 나오기 때문에 포기나누기를 하면 증식이 가능하다.

배양토는 부식질이 많고 배수가 잘 되는 배합이 좋다. 녹소토(50%)와 야자껍질(중·소 크기로 각각 25%)을 섞은 배양토에 완효성 비료를 약간 넣어 사용하면 좋으나, 야자껍질을 구하기 어려울 때는 부엽토 30퍼센트를 산모래에 섞은 혼합토를 준비해 써도 된다. 심은 후 반나절 정도 빛이 잘 들고 통풍이 좋은 곳에 화분을 두어야 한다.

물을 좋아하는 난이므로, 꽃대가 올라올 때까지의 성장기에는 물을 충분히 공급한다. 물을 많이 주면 잎 끝의 수공에 물이 맺히므로 충분하다는 것을 알 수 있다. 꽃이 지고 여름이 되면 휴면기에 접어들므로 물을 많이 주지 말고 화분 겉흙이 말랐을 때만 준다.

화분을 잘 관리하면 새싹이 많이 돋아난다. 싹이 열 개 이상 되면(보통 3~4년 걸림) 분갈이를 하면서 포기나누기를 통해 증식한다. 분갈이 적기는 싹이 나기 전인 3월 초(춘분 이전)다. 포기나누기를 할 때 포기를 너무 작게 나누면 세력이 떨어지므로 적어도 세 개 이상 싹을 붙여서 나눈다.

정원에 재배하려면 낙엽수 밑에 부식질이 풍부하고 배수가 잘 되는 사질양토의 반그늘에 심는 것이 좋다. 그러나 우리나라에서는 정원에 심을 만큼 수량을 확보하기가 쉽지 않다. 또 모처럼 구한 복주머니난도 대부분 얼마 가지 못해 고사한다고 한다. 이는 이 식물이 토양의 미생물과 공생하는데, 인공적으로 재배할 때 이들 미생물이 잘 자랄 수 있는 환경을 만들어주지 못하기 때문이다.

● **유사종**_ 복주머니난의 유사종으로는 털개불알꽃, 광릉요강꽃, 노랑개불알꽃이 있다.

털개불알꽃(털복주머니난, *C. guttatum* var. *koreanum*)은 태백산을 중심으로 설악산 등지에 분포했으나 현재는 자연에서 찾아보기 힘들어 멸종위기 야생식물 II급으로 지정되어 보호를 받고 있다. 타원형 주머니 모양의 입술 꽃잎 안쪽에 털이 있다.

털복주머니난   광릉요강꽃

광릉요강꽃(*C. japonicum*)은 광릉 지역에서만 볼 수 있는 식물로, 복주머니난과 거의 같지만 꽃이 피는 시기가 4~5월로 조금 이르다. 줄기 밑에서는 몇 장의 잎이 돌려나고, 위쪽에 난 두 장의 넓은 잎이 마치 부채처럼 펼쳐진다. 현재 멸종위기 야생식물 I급으로 지정되어 보호를 받고 있다.

노랑개불알꽃은 노란색 꽃이 피는 개불알꽃으로 개마고원, 함경산맥 이북에 자생한다. 백두산에나 가야 만날 수 있다.

붓꽃

과명	붓꽃과(Iridaceae)	학명	*Iris nertschinskia* Lodd.
다른 이름	연미	개화기	5~6월

붓을 닮은 꽃봉오리가 매력적인 붓꽃

우리나라에서 5월에 피는 꽃 중 대표적인 여러해살이풀로, 습지 양지바른 곳에 높이 30~60센티미터로 자란다. 꽃봉오리가 먹물을 머금은 붓 모양을 닮아 '붓꽃'이라는 이름이 붙었다. 또 제비의 꼬리 같다 하여 연미(鳶尾)라고 부르기도 한다. 잎은 칼처럼 길고 넓은데 4~5매가 겹쳐서 자라고, 그 사이로 꽃자루가 올라와 푸른빛이 도는 보라색 꽃 두세 송이가 차례로 핀다. 꽃받침은 6매로, 3매는 크고 옆으로 넓게 퍼지며 나머지 3매는 좁고 길쭉하게 곧추선다.

● **꽃 피는 시기**_ 5~6월에 꽃이 피며 열매는 8~9월에 익는다. 꽃은 주로 푸른빛이 도는 보라색이지만, 꽃색의 변화가 많아 하늘색 또는 거의 흰색을 띠는 것도 있다.

● **이용**_ 화단에 무리지어 심거나 화분에 재배해 관상한다. 피부병 치료에 쓰기도 하고, 민간에서는 뿌리줄기를 인후염·주독 등에 약으로 쓴다.

● **재배 및 관리**_ 내건성과 내한성이 강하다. 햇빛이 잘 드는 곳에서 재배하고, 토양에 늘 수분을 유지해야 하지만 과습하여 뿌리가 썩지 않도록 주의한다. 화분에 심을 때는 여름부터 가을까지 연한 액비를 뿌리거나 완효성 고형비료를 화분 위에 놓아준다.

1~2년에 한 번씩 분갈이를 하는 게 좋은데, 꽃이 지면 바로 분갈이를 하면서 눈을 붙여 나눠심는다. 이때 묵은 꽃대와 잎을 3분의 1 정도 남기고 잘라서 심어, 과다한 호흡으로 인한 영양과 수분의 손실을 막아준다.

가을에 채종한 종자를 바로 뿌리거나 저장해두었다가 이듬해 봄에 뿌리면 2~3년 후 꽃을 볼 수 있다.

● **유사종** _ 우리나라에는 10종 이상이 자생하는데, 크게 세 군으로 분류할 수 있다. 첫째는 키가 무릎 높이(약 60센티미터) 정도로 자라며 늦은 봄에 꽃이 피는 종류로, 붓꽃과 타래붓꽃이 여기에 속한다. 두 번째는 이른 봄에 꽃이 피는 작은 붓꽃 종류다. 키가 한 뼘(약 20센티미터) 정도로 자라는 각시붓꽃, 솔붓꽃, 난쟁이붓꽃, 금붓꽃, 노랑붓꽃 등이다. 마지막으로 오대산을 비롯한 강원도 높은 산에서 이른 봄에 꽃이 피는 노랑무늬붓꽃 종류가 있다. 그중 금붓꽃, 노랑무늬붓꽃, 흰각시붓꽃은 한국 특산종이다.

타래붓꽃(*I. pallasii* Fisher var. *chenesis* Fisher)은 산과 들의 건조한 풀밭에서 자라며 5~6월에 꽃이 핀다. 잎이 실다래처럼 비틀린다 하여 '다래붓꽃'이라는 이름이 붙었다. 붓꽃에 비해 꽃색이 밝다. 붓꽃 중 유일하게 연보라색 꽃이 피는 종이다.

각시붓꽃(*I. rossii* Bak.)은 숙근성 여러해살이풀로 30센티미터가량 자란다. 줄기 아래쪽이 갈색 섬유질로 덮여 있다. 잎은 약간 딱딱하고 꼿꼿이 서며 짙은 녹색이지만 밑은 붉은색을 띤다. 짧은 꽃자루 끝에 한 송이의 보라색 꽃이 4~5월에 핀다. 흰각시붓꽃은 우리나라 특산종이다.

솔붓꽃(*I. ruthenica* Ker-Gawl.)은 산지의 건조한 곳에 자라며 4~5월에 꽃이 피는 여러해살이풀이다. 잎이 솔잎같이 가늘기도 하거니와, 이 식물의 뿌리로 밥솥 닦는 솔이나 풀칠하는 솔을 만들어 썼기 때문에 '솔붓꽃'이라는 이름이 붙었다. 난쟁이붓꽃에 비해 포가 피침형의 부드러운 막질이고 끝이 뾰족하다.

난쟁이붓꽃(*I. uniflora* var. *caninata*)은 강원도 이북의 높은 산에서 자라

각시붓꽃

금붓꽃

노랑붓꽃

노랑무늬붓꽃

독일붓꽃

며 5~6월에 꽃이 핀다. 꽃줄기가 5센티미터 내외로 각시붓꽃에 비해 작다.

금붓꽃(*I. minutiaurea* Makino)은 서울·경기 지방 산기슭의 풀밭에서 자라는 붓꽃과의 여러해살이풀이다. '소연미(小鳶尾)' 또는 '누른붓꽃'이라고도 불리며, 우리나라가 원산지다. 잎은 3~4매씩 뭉쳐나와 큰 그루를 이룬다. 땅속줄기가 옆으로 퍼지며 자라고, 4~5월에 높이 10~15센티미터의 꽃줄기 끝에 지름 2센티미터 정도인 노란색 꽃이 하나씩 핀다.

노랑붓꽃(*I. koreana* Nakai)은 금붓꽃과 비슷하지만 잎이 좀 더 크고 너비가 두세 배나 되며 꽃이 항상 두 송이씩 달린다. 중부 이남의 습한 곳이나 건조한 곳에서도 자란다. 꽃은 5~6월경에 핀다.

노랑무늬붓꽃(*I. odaesanensis* Y. Lee)은 오대산을 비롯한 강원도 높은 산에 자라며 4~5월에 꽃이 피는 여러해살이풀이다. 키가 작은 붓꽃류이며, 흰 꽃잎에 노란색 무늬가 있는 것이 특징인 우리나라 특산종이다. 종명으로 우리나라 오대산이 명기되는데, 이영노 박사가 오대산에서 새로운 종을 발견해 등록한 것으로, 분류학자의 이름(Y. Lee)도 함께 표시된다.

꽃창포(*I. ensata* Nakai)는 다른 붓꽃보다 개화기가 늦어 6월부터 붉은 보라색 꽃이 핀다. 자세한 설명은 '여름에 피는 야생화' 장에서 별도로 기술한다.

독일붓꽃(*I. germanica* L.)은 근년에 유럽에서 들어온 원예종이다. 꽃이 크고, 모양과 색이 다양하다.

뻐꾹채

과명	국화과(Compositae)	학명	*Rhaponticum uniflorum* DC.
다른 이름	뻐꾹나물, 대화계	개화기	5~7월

뻐꾹새 소리 듣고 피어나는 뻐꾹채

　울릉도와 제주도를 제외한 거의 전국의 산중턱 이하 비탈진 곳의 건조한 풀밭에서 자생하는 여러해살이풀로, 40~70센티미터까지 자란다. 뻐꾸기가 울면 그 소리를 듣고 피어나는 꽃이라 하여 '뻐꾹채'라고 불린다. 또 총포잎이 겹쳐진 모습이 마치 뻐꾸기의 앞가슴 깃털을 닮았기 때문에 이런 이름이 붙었다고도 한다.

　굵은 줄기가 땅속 깊이 들어 있으며, 줄기에는 거미줄 같은 흰 털이 밀생해 회백색으로 보인다. 잎은 피침처럼 생긴 타원형이나 가장자리가 깃 모양으로 깊게 갈라져 어긋나고(호생), 위로 올라갈수록 점차 작아진다. 줄기 끝에 지름 6~9센티미터의 큰 꽃이 곧게 핀다. 두상화서의 꽃은 반구형 갈색 총포에 의해 층층이 싸여 있다.

　● **꽃 피는 시기**_ 늦봄(5월)에 피기 시작해 여름(7월)까지 볼 수 있다. 진분홍 혹은 연자주색 꽃이 줄기 끝에 한 송이 피는 것 같으나, 실제로는 수많은 작은 꽃이 한데 몰려 머리 모양을 한 두상화서다.

　● **이용**_ 꽃이 크고 아름다워 관상가치가 높다. 주로 화단 식재용으로 이용되지만 꽃대가 튼튼해 절화용으로 개발될 가능성도 있다. 꽃은 식용이 가능해 튀김을 하거나 음식 접시 장식용으로 쓰인다. 해열, 해독 효과가 있는 것으로 알려졌다.

　● **재배 및 관리**_ 토질은 가리지 않는 편이지만 사질양토에서 더 잘 자란다. 충분한 빛을 필요로 하며, 노지에서 월동하고 특별히 관리를 해주지

않아도 잘 자란다. 내건성이 강한 식물로 습한 것을 싫어하므로, 물빠짐이 좋은 양지바르고 비탈진 곳에 심으면 아주 잘 자란다. 직근성인 뿌리가 너무 깊이 박혀 포기나누기가 쉽지 않기 때문에, 번식은 주로 씨뿌리기로 한다. 7월 이후 종자를 받아 파종하면 그해에 바로 싹이 나는데, 다음 해에 바로심기를 하면 된다.

산마늘

S M Lee '09

과명	백합과(Liliaceae)	학명	*Allium victorialis* var. *platyphyllum* Makino
다른 이름	명이나물, 멩이	개화기	5~6월

울릉도 사람들의 배고픔을 달래주던 산마늘

울릉도의 깊은 산 숲속에서 자라는 여러해살이풀이다. 굶주린 울릉도 사람들의 명(命)을 이어주었다고 해서 '명이' 또는 '멩이'라고도 부른다. 백합과 식물로 땅속에 길쭉한 타원형 구근이 있고, 그 윗부분은 섬유질 피막으로 싸여 있다. 보통 끝이 뾰족한 두 장의 넓은 잎을 가지며, 마늘냄새가 강하다. 잎의 길이는 20~30센티미터, 너비는 3~10센티미터다.

● **꽃 피는 시기** _ 5~6월에 긴 꽃줄기 끝에 작고 흰 꽃이 작은 공처럼 뭉쳐서 핀다. 꽃자루가 일정한 길이로 우산살같이 배열되어 있다(繖形花序).

● **이용** _ 예로부터 구황식물로 잎은 물론 어린싹, 비늘줄기, 꽃자루까지 모두 식용했다. 특히 잎은 흔히 쌈으로 먹는데, 마늘보다 냄새가 덜하기 때문에 날로 먹어도 좋다. 그러나 꽃이 피면 맛이 쓰고 독성이 강해지기 때문에 5월 이전에 어린잎만 식용한다. 한방에서는 비늘줄기를 구충, 이뇨, 강장, 해독, 소화, 진통 등을 위한 약재로 쓴다.

● **재배 및 관리** _ 이른 봄에 포기나누기로 번식시키기도 하고, 가을에 씨를 받아 파종상자에 바로 뿌리기도 한다. 다음 해 봄에 싹이 난 모종은 5월에 옮겨심거나, 파종상자에서 1년간 더 키운 후 옮겨심는다. 고온다습에 약하므로 물빠짐이 좋은 사질양토의 반그늘에 심는다. 바람이 잘 통하는 곳에서 재배하는 게 좋다. 구근의 수가 잘 늘어나지는 않지만 이른 봄에 눈이 움직이기 시작할 때 포기나누기를 할 수 있다.

산자고

과명	백합과(Liliaceae)	학명	*Tulipa edulis* Bak.
다른 이름	물구, 물굿	개화기	4~5월

매운맛이 나는 무릇을 닮은 산자고

백합과에 속하는 여러해살이풀로, 키가 15~20센티미터로 작은 편이다. 중부 지방 양지바른 풀밭에 자라며, 흔히 물구 또는 물굿이라고 부른다. 땅속 구근을 쪄서 먹기도 한다. 비늘줄기는 달걀 모양으로 길이가 3~4센티미터이며, 연한 갈색 섬유에 싸여 있다. 이른 봄에 구근에서 길쭉한 잎이 먼저 나오고, 그 가운데서 꽃대가 올라온다. 한 구근에서 하나의 꽃이 피는 일경일화 식물이다. 잎이 약간 매운맛이 나는 무릇과 비슷하지만, 봄에 불쑥 돋아난 한 장의 잎에 흰 빛이 도는 점이 다르다.

● **꽃 피는 시기**_ 4~5월에 줄기 끝에 하얀 꽃이 핀다. 여섯 장의 길쭉한 꽃잎에 보라색 줄이 있고, 그 속에 샛노란 수술이 돌출되어 있다.

● **이용**_ 암을 물리치는 신물질이 많이 함유된 것으로 알려져 신물질 개발을 위한 연구가 이루어지고 있다. 흔히 약용으로 이용되는데, 피가 엉겨 시퍼렇게 멍든 것을 풀어주고 종기를 치유하는 효능이 있다.

● **재배 및 관리**_ 햇빛이 풍부하고 물빠짐이 좋은 곳에 심는다. 비료를 추가할 필요는 없지만 비옥한 땅에서 잘 자란다. 화분에 심을 때는 물이 잘 빠지도록 마사토와 부엽을 섞은 용토를 이용한다. 구근이 크게 자라기 때문에, 꽃을 본 후 정원에 옮겨심어 한동안 재배한 후 가을에 다시 화분으로 옮겨 꽃 피울 준비를 하기도 한다.

알뿌리를 나누거나 씨앗을 받아 화분이나 정원에 뿌려서 번식시킨다. 씨앗받기가 늦어지면 씨앗이 쏟아져버리므로 미리 받아두는 게 좋다.

삼지구엽초

S H Lee

과명	매자나무과(Berberidaceae)	학명	*Epimedium koreanum* Nakai
다른 이름	지팡이나물, (약)음양곽, (일)닻풀	개화기	4월

스태미나에 좋다고 알려진 삼지구엽초

우리나라 중부와 북부 지방에 분포하는 식물로, 산지의 낙엽활엽수 밑에 자생한다. 국내에서 자라는 삼지구엽초는 한 종류로, 일본 학자 나카이 다케노신(中井猛之進)이 분류해 등록했다. 종명이 코레아눔(*koreanum*)이라 특산식물로 짐작되지만 그렇게 분류되지는 않는다.

셋으로 갈라진 잎자루에 다시 세 갈래로 갈라져 잎이 나기 때문에, 전체적으로 세 개의 가지에 아홉 장의 잎이 달려 삼지구엽초(三枝九葉草)라는 이름이 붙었다. 잎은 기다란 심장 모양이고 가장자리에 가시 같은 작은 톱니가 나 있다. 꽃 모양이 마치 닻과 같다고 하여 일본에서는 '닻풀(錨草)'이라고 부른다.

삼지구엽초는 옛날부터 전해오는 중국의 이야기 때문에 정력에 좋은 식물로 알려져 남획의 수난을 겪고 있다. 중국의 한 양치기 노인에게 숫양이 한 마리 있었는데, 이 녀석은 혼자 100마리의 암양을 거뜬히 상대했다. 노인이 가만히 보니, 녀석이 산에서 이상하게 생긴 풀을 뜯어먹고 내려왔다. 노인은 숫양이 건재한 이유가 바로 그 풀 때문이라고 생각해, 자신도 그 풀을 먹었다. 그랬더니 혈기왕성해져서 짚고 갔던 지팡이를 버리고 내려와 새장가를 들고 잘 살았다고 한다. 그래서 '지팡이나물', '음양곽(淫羊藿)'이라고도 한다.

● **꽃 피는 시기_** 4월경에 황백색 꽃이 핀다. 원줄기 끝에 겹총상화서로 여러 송이의 꽃이 아래를 향해 피고, 5월이면 열매가 맺힌다. 종자의 표면에 꿀선이 있어, 땅에 떨어진 씨앗을 개미가 먹이로 끌고 가 종자를 멀리 퍼뜨린다.

● **이용 _** 약재로는 음양곽, 선령비(仙靈脾) 등으로 불린다. 강장·강정제로 발기불능에 효과가 있어 최음제나 정력증진제로 처방된다. 신경쇠약·반신불수·경련 등에도 효과가 있다고 한다. 삼지구엽초로 담근 술을 '선령비주'라 하여 강장·강정제로 복용한다. 삼지구엽차도 한방차로 유명한데, 다갈색 차에 생강이나 감초를 가미하면 마시기에도 좋다.

우리나라와 달리 일본에는 다양한 색과 모양의 꽃이 피는 여러 가지 삼지구엽초가 자생한다.

꽃과 잎이 독특해 관상용으로도 많이 재배한다. 우리나라에서 볼 수 있는 삼지구엽초는 황백색 꽃이 피는 한 종류뿐인데, 일본에서는 이 외에도 분홍색에서 진홍색에 이르는 다양한 색깔의 꽃이 피는 삼지구엽초가 자생하고 있다. 게다가 외국의 삼지구엽초까지 수집해 재배하는 마니아가 상당히 많다고 한다.

● **재배 및 관리 _** 낙엽활엽수 밑에 사는 식물이므로 그와 유사한 환경을 만들어주는 게 좋다. 배수가 잘 되고 봄에는 빛이 잘 들고 여름에는 반그늘이 되는 장소가 적합한 조건이다. 정원에 심을 때는 키 큰 나무 밑에 심으면 특별한 관리 없이도 잘 자란다. 화분에 심을 때는 배수가 잘 되도록 산모래나 녹소토를 주로 하고, 부엽이나 배양토를 섞어 용토로 쓴다. 완효성 비료를 밑거름으로 화분흙에 섞어준다.

분갈이와 포기나누기의 적기는 봄에 꽃이 진 후나 가을이다. 이른 봄 싹이 나기 전에 작업하면 그해에는 꽃을 볼 수 없으므로 꽃이 진 다음에 하는 것이 좋다. 분갈이는 2년에 한 번 정도 하되, 포기를 너무 작게 나누지 않도록 주의한다.

자가수분이 잘 되지 않는 식물이므로, 씨를 받기 위해서는 인공수정을 해야 한다. 열매가 콩깍지같이 생겨서 너무 익으면 터져 사방으로 흩어지기 때문에, 꼬투리가 녹색을 잃기 시작할 때부터 잘 관찰해 때를 놓치지 않고 씨를 받아둔다. 씨는 건조에 약하기 때문에 말려서 저장하지 말고 곧장 파종한다. 뿌린 씨가 바로 싹트지 않고 다음 해 봄이 되어야 발아하므로, 파종상자를 어두운 곳에 두고 마르지 않도록 주의한다. 봄에 싹이 나면 밝은 곳으로 옮겨 키우다가 가을에 잎이 2~3매로 자라면 옮겨심는다. 이식 후 2~3년 내에 꽃이 핀다.

새우난

Hyeyoung Woo Apr '09

과명	난초과(Orchidaceae)	학명	*Calanthe discolor* Lindl.
다른 이름	(약)구자연환초	개화기	4~5월

그리스어로 '아름다운 꽃'이라는 뜻의 새우난

제주도와 다도해 등의 도서 지방과 남해안에서 자라는 여러해살이풀이다. 낙엽수가 많은 숲속에서 자라는데, 영하 5도 이상에서만 월동이 가능하기 때문에 중부 지방에서는 볼 수 없는 지생란(地生蘭)이다. 뿌리줄기가 옆으로 뻗는데, 매해 한 마디씩 늘면서 마디가 많아져 새우의 등 같다고 해서 '새우난'이라는 이름이 붙었다. 속명 칼란테(*Calanthe*)는 그리스어로 '아름답다(*calos*)'와 '꽃(*anthos*)'의 합성어로, '아름다운 꽃'이라는 뜻이다.

잎은 2~3매가 뿌리에서 나오는데, 잎몸이 다른 난에 비해 크고 넓어 길이 15~25센티미터 너비 5~8센티미터이며, 털이 없고 주름이 깊다. 늘푸른잎이지만 다음 해 봄에 교체된다. 꽃줄기는 20~40센티미터에 잔털이 있고, 끝에 8~15송이의 꽃이 달린다.

● **꽃 피는 시기_** 4~5월에 꽃이 피는데, 꽃받침은 자갈색이고 꽃잎은 흰색 또는 연분홍이 섞인 꽃이 총상화서로 느슨히 달린다.

● **이용_** 관상가치가 높아 분화식물로 많은 사랑을 받기 때문에 남획되어 자생지의 군락이 사라지고 있다. 한방에서는 구자연환초(九子連環草)라 하여 편도선염, 임파선염, 타박상 치료에 쓴다.

● **재배 및 관리_** 겨울 기온이 영하 5도 이상 되는 남부에서는 노지에서 기를 수 있지만, 중부 이북에서는 화분에 심어 반그늘에서 키운다. 난석 또는 피트모스에 심거나 산모래, 부엽, 피트모스를 같은 비율로 섞어 사용한다. 배수가 잘 되면서도 보습성이 좋은 배양토에 심고 공중습도를 높게

유지한다. 꽃을 잘 피우려면 공중습도가 높아야 하지만 그러면 병에 걸리기 쉬우므로 환기에 신경을 써야 한다. 물은 여름에는 2~3일에 한 번씩 화분 겉흙이 마르면 충분히 주고, 겨울에는 주 1회 정도 준다. 액비를 연하게 희석해(2,000배) 잎에 뿌리고, 완효성 비료를 몇 알 화분 위에 놓아준다.

번식은 씨뿌리기나 포기나누기로 할 수 있다. 씨뿌리기는 전문적인 기술이 필요하므로, 대개는 포기나누기를 한다. 2~3년에 한 번씩 분갈이를 할 때 포기가 많이 늘어난 것은 3~4촉을 하나로 나누어 심는다.

● **유사종 _** 새우난이라는 이름을 가진 야생란은 여러 종류다. 꽃색이 조금씩 다른 변이종이 많을 뿐 아니라 자연교잡종도 있는 것으로 알려졌다. 변이종으로는 꽃받침이 자갈색이고 입술꽃잎이 붉은색인 붉은새우난(*C. discolor* for. *rosea*), 꽃받침이 황록색이고 입술꽃잎이 흰색인 푸른새우난(*C. discolor* for. *viridaalba*), 꽃받침이 붉은색을 띤 황갈색이고 입술꽃잎은 흰색인 주황새우난(*C. discolor* for. *rufoaurantiaca*) 등이 있다. 변이종이 아니고 아예 종이 다른 금새우난과 여름새우난도 있다.

금새우난(*C. striata*)은 우리나라 서남해안의 도서 지방과 울릉도에서 자란다. 새우난에 비해 전체적으로 큰 편이고 꽃이 노란색이며 약간 향기가 난다. 새우난 자생지와 인접한 지역에서는 자연교잡된 종간잡종(種間雜種)이 흔히 발견된다.* 여름새우난초(*C. reflexa*)는 늘푸른나무숲 속의 그늘에 자라는 늘푸른여러해살이풀로, 한라산 해발 300~600미터 지역에 자라는 희귀 및 멸종위기 난이다. 새우난과 달리 봄이 아닌 7~8월에 분홍색 꽃이 피고, 꽃 모양도 다른 새우난에 비해 길쭉하다.

---

* 이종석,《한국의 난》, p. 261, 향문사, 2006.

앉은부채

Waejeong

과명	천남성과(Araceae)	학명	*Symplocarpus renifolius* Schott
다른 이름	(영)Skunk Cabbage	개화기	3월

부채 같은 잎이 땅에 앉아 있는 것 같은 앉은부채

봄을 가장 먼저 알리는 꽃 중 하나다. 경기·강원도 이북의 산지 응달진 곳에서 자라는 천남성과 여러해살이풀로, 이른 봄 잎이 나기 전에 꽃이 먼저 핀다. 연한 갈색 바탕에 자줏빛 무늬가 불규칙하게 들어간 커다란 포(包) 속에 꽃들이 들어 있다. 꽃잎은 없고 수술과 암술이 육질로 된 꽃대에 조밀하게 달려 있는 꽃(육수화서)이 포가 열리면서 모습을 드러낸다. 앉은부채는 불염포의 색과 모양이 다양하여 여러 변이를 볼 수 있다. 그 중 연한 푸른빛이 도는 노란 불염포 속에 피는 앉은부채를 '오랑앉은부채'라고 부른다. 열매는 연두색으로 익는데 서식지가 많지 않은데 특이한 불염포의 매력으로 서식지가 수난을 당하고 있다.

꽃이 질 때쯤 뿌리에서 바로 나오는 잎은 처음에는 배춧잎 같다가 나중에는 환풍기 날개처럼 퍼진다. 이와 같이 잎이 부채처럼 넓어진다 하여 '앉은부채'라는 이름이 붙은 것으로 보인다. 다른 풀들이 돋아나기 전에 꽃을 피워 겨우내 굶주렸던 동물들의 먹이가 되는 바람에 번식이 어렵고, 또 기이한 꽃 모양 때문에 사람들이 남획해 자생지에서 그 수가 줄어들고 있는 실정이다.

식물체에서 고기 썩은 것 같은 암모니아 냄새가 나서 벌이나 나비가 아닌 파리나 딱정벌레류를 유인해 꽃가루받이를 한다. 줄기를 자르면 그 냄새가 더 지독한데, 서양 사람들은 잎이 양배추 같아 보이지만 냄새가 고약하다고, 안 좋은 냄새를 풍기는 동물 스컹크의 이름을 붙여 '스컹크 캐비지(Skunk Cabbage)'라고 부른다.

● **꽃 피는 시기_** 3월부터 꽃이 피기 시작한다. 유사종으로 강원도 이북

에 자생하는 애기앉은부채(*S. nipponicus*)는 6~7월에 붉은색 포 안에서 꽃을 피운다.

● **이용** _ 독이 있는 뿌리가 약초로 쓰인다. 또 그늘진 정원에 심어 독특한 모양의 꽃을 관상한다. 어린잎을 나물로 먹기도 하지만, 독이 있는 식물이라는 것을 기억해야 한다.

● **재배 및 관리** _ 반그늘 또는 그늘을 좋아하고, 부식질이 풍부한 비옥한 사질양토에서 잘 자란다. 노지에서 월동이 가능하나 건조에 약하므로 물을 충분히 주어야 하지만, 또한 배수가 잘 되어야 한다. 번식은 씨뿌리기로 하는데, 종자를 구하기도 어렵고 발아와 육묘 또한 쉽지 않다.

● **유사종** _ 애기앉은부채(*S. niponicus*)는 강원 이북의 높은 지대에서 자라는데 지역에서는 애기우엉취라고도 부른다. 짧은 근경에서 잎이 나와 총생한다. 이른 봄에 뿌리에서 돋아나기 때문에 눈 속에서 먹이가 부족했던 곰이 뜯어먹는다 하여 '곰취'라고도 한다. 꽃은 앉은부채보다 늦은 6~7월에 핀다. 열매는 땅 속에 묻힌 채로 계속 자라 다음해 봄에 달걀 만한 크기로 익는다.

앵초

과명	앵초과(Primulaceae)	학명	*Primula sieboldii* E. Morr.
다른 이름	(영)Primrose	개화기	4~5월

'천국 문을 여는 열쇠'라는 별명을 가진 앵초

전국 산기슭의 습지나 냇가에 자라는 여러해살이풀이다. 뿌리줄기가 짧게 옆으로 뻗고, 잎은 뿌리에서 직접 나오는데 타원형으로 배춧잎같이 주름이 졌다. 가장자리에는 둥근 톱니가 있으며, 흰 털로 덮여 있다. 속명 프리물라(*Primula*)는 '최초의'라는 뜻의 라틴어 프리마(*Prima*)에서 유래했다. 유럽 원산의 앵초들이 이른 봄에 일찍 피기 때문에 이런 이름이 붙은 것으로 보인다. 우리 산야에서도 이른 봄 산행을 하다 보면 계곡이나 냇가에 무리지어 피어 있는 앵초를 쉽게 만날 수 있다.

우리나라 야생 앵초는 본 적이 없는 사람도, 다양한 색과 모양의 원예종으로 개량된 서양앵초(Primrose)가 '프리뮬러'라는 이름으로 이른 봄부터 꽃가게를 가득 채운 것은 익히 보았을 것이다. 원예종 앵초는 노란색·보라색·분홍색·흰색 등 꽃색이 다양하지만, 우리 땅의 앵초(櫻草)는 '앵두풀'이라는 이름이 말해주듯이, 대부분 농도가 조금씩 다른 분홍색이고 아주 희귀하게 흰 꽃이 있다.

서양에는 앵초와 관련된 풍습과 전설이 많다. 서양의 야생 앵초는 우리 것과 다른 종인 불가리스(*P. vulgaris*)다. 영어로는 카우슬립(cowslip)이라고 부르는데, 귀엽고 예쁜 꽃에 '소똥'이라는 이름이 생뚱맞지만, 소가 배설물을 흘리고 간 곳에서 어김없이 앵초가 자랐기 때문에 그런 이름이 붙었다고 한다.

봄의 전령사인 서양의 앵초에는 순수한 사랑과 관련된 이야기가 많이 전한다. 영국에서는 봄이 오면 가장 먼저 들판에 앵초가 무리지어 피고, 아이들은 그 꽃을 실로 꿰어 목걸이를 만들어서 목에 걸거나 공처럼 묶어 던지는 놀이를 즐겼다고 한다. 또 처녀들은 언제 신랑감을 만나 결혼하게 될지 앵초로 점을 치기도 했다. 젊은 아가씨가 부활절 전에 들에서 앵초를 만나면 그해에 결혼을 하게 된다고 믿었다.

서양 사람들은 앵초가 사랑과 행운을 가져다준다고 생각했다. 그래서 연인들이 서로 앵초꽃을 선물하고, 여성들은 앵초꽃으로 사랑의 묘약을 만들기도 했다. 이른 아침 앵초꽃에 내린 이슬이 마르기 전 꽃을 따서, 미리 받아놓은 정결한 빗물에 넣고 온종일 햇빛에 놓아두었다가, 그 물을 사랑하는 사람의 베개에 뿌리면 그의 마음을 얻어 다음 달 안에 결혼하게 된다고 믿은 것이다.

앵초꽃 핀 모습이 열쇠꾸러미처럼 보여 '마리아의 열쇠', '베드로의 열쇠' 등의 애칭으로도 불린다.

유럽에서는 앵초를 성스럽고 신비스러운 꽃으로 여겼다. 앵초가 숨겨진 보물상자로 가는 길을 암시해준다는 전설이 있었고, 성스러운 꽃으로서 성모 마리아에게 봉헌되었으며, 중세에는 영혼의 순결함을 앵초 리스(wreath)로 상징하기도 했다. 또 천국의 문을 열 수 있는 열쇠라고 믿어 '마리아의 열쇠', '베드로의 열쇠'라고도 불렀다.

● **꽃 피는 시기**_ 4~5월에 연분홍색 꽃이 핀다. 꽃대는 15~30센티미터로 직립하는데, 부드러운 털로 덮여 있으며, 그 끝에 지름이 2~3센티미터인 분홍색 꽃 7~10송이가 우산 모양으로 모여핀다(繖形花序). 꽃은 통꽃으로 끝이 다섯 갈래로 갈라졌다. 각 꽃잎의 가운데가 오목하게 들어가 심장 모양을 이룬다.

● **이용**_ 관상용으로 화분이나 화단에 심어 재배한다. 뿌리에 사포닌 성분이 있어 약재로 사용하기도 한다. 진해, 거담, 소종 등의 효과가 있어 식물 전체를 기침, 기관지염, 천식, 종기 등에 처방한다. 유럽에서는 꽃을 천식이나 기침을 가라앉히는 차의 재료로 이용한다.

● **재배 및 관리**_ 보습성이 있으면서도 배수가 잘 되는 토양에서 키운다. 여름의 강한 광선과 고온 및 건조에 약하다. 서늘하고 밝은 반그늘에서 키우면서 물을 충분히 준다. 특히 한여름에는 물주기에 각별히 신경을 써야 한다. 겨울철 휴면기에도 화분을 완전히 말려서는 안 된다.

종자를 채취해 곧바로 뿌리거나 저온에 보관해두었다가 이듬해 봄에 파종한다. 포기나누기는 이른 봄이나 가을에 하는 것이 좋은데, 보통 3월 춘분 이전에 분갈이를 하면서 포기나누기를 한다. 눈이 적어도 세 개 정도 달리게 포기를 나눈 후, 눈이 같은 방향을 보도록 가지런히 놓고 배양토로 채운 다음 고운 마사토를 1~2센티미터 두께로 덮어 마무리한다.

● **유사종 _** 큰앵초(*P. jesoana*)는 깊은 산속에서 자라며, 이름이 말해주듯 키가 앵초보다 크다. 꽃색이 진한 편으로 개화기도 늦어 6~7월에 꽃이 피며, 잎이 넓적한 것이 앵초와 다른 점이다.

설앵초(*P. modesta var. fauriae*)는 높은 산 바위틈에 자라며, 앵초류 중 가장 작다. 개화기가 약간 늦어 5~6월에 꽃이 핀다. 진분홍색 꽃이 6~7송이 모여 우산 모양으로 피며, 꽃부리가 다섯 개로 갈라지는데 앵초보다 깊이 파였다.

양지꽃

S M Lee '09

과명	장미과(Rosaceae)	학명	*Potentilla fragarioides* var. *major* Maxim.
다른 이름	(약)치자연	개화기	4~8월

양지바른 곳에 노란 얼굴 내미는 양지꽃

우리나라 어느 곳이든 양지바른 곳에서 쉽게 볼 수 있는 여러해살이풀이다. 속명(*Potentilla*)은 '강력하다'는 뜻을 가진 라틴어(*poten*)의 축소형이다. 종명(*fragarioides*)은 '비슷하다'는 뜻의 단어(*fragaria*)에서 유래했는데, 딸기속과 비슷해서 붙여진 이름이라고 한다.

식물 전체에 털이 있고 키가 30~50센티미터로 자란다. 뿌리에서 여러 장의 잎이 나와 사방으로 비스듬히 퍼지는데, 잎자루가 길고 3~15매의 작은 잎이 홀수깃꼴겹잎(奇數羽狀複葉)으로 난다. 끝부분의 잎 세 장은 크기가 비슷하고, 밑으로 내려갈수록 점점 작아진다. 세 갈래로 갈라진 잎은 딸기 잎과 비슷하며, 잎 양면에 털이 있고 가장자리에는 톱니가 있다. 줄기 끝에 열 송이 정도의 노란 꽃이 모여핀다.

● **꽃 피는 시기** _ 샛노란색 꽃이 4월부터 피기 시작하는데, 피고 지기를 계속하면서 8월까지 꽃을 보여준다. 꽃잎은 다섯 장이며 햇빛이 들면 활짝 펼쳐지고, 해가 지면 다시 오므린다.

● **이용** _ 어린잎은 식용하고, 정원이나 화단에 심어 관상한다. 한방에서는 '치자연(雉子筵)'이라 부르며 식물 전체를 이용한다. 혈액순환 불량에 따른 만성 영양장해에 처방하고, 부인병으로 인한 출혈에도 쓴다.

● **재배 및 관리** _ 토양에 관계없이 양지바른 곳에서 잘 자라는 강인한 식물이다. 물빠짐과 보습성이 좋은 사질양토에서 잘 자란다. 비옥한 땅에 심으면 너무 크게 자라 모양이 없어지므로 척박한 곳에 심는 것이 오히려 좋

다. 화분이나 베란다에 심을 때는 마사토에 부엽이나 혼합토를 섞어 배양토로 사용한다. 씨뿌리기 또는 포기나누기로 번식하지만, 자생지에서는 종자가 떨어져 쉽게 싹이 터 퍼진다. 꽃이 지고 종자가 익으면 채종해서 바로 뿌리고, 이듬해 봄 싹이 나면 옮겨심는다. 스스로 잘 번져나가지만, 포기나누기를 할 때는 묵은 포기 옆에 새로 자란 포기를 갈라 심는다.

● **유사종 _** 우리나라에서 자라는 양지꽃속(*Potentilla*) 식물은 14종 6변종이다. 그중 1종 1변종은 관목이고 나머지는 모두 여러해살이풀이다.[*] 이 가운데 원예용으로 이용할 수 있는 것은 돌양지꽃, 세잎양지꽃, 제주양지꽃, 좀양지꽃, 솜양지꽃, 딱지양지꽃 정도다.

돌양지꽃(*P. dickinsii*)은 전국 산지의 중턱 이상 돌틈에서 자라는 여러해살이풀로, 건조에 잘 견디고 생명력이 강하다. 잎에 윤이 나고 뒷면은 흰색이다. 돌틈에 자생하므로 여름철 고온다습한 환경을 싫어한다.

세잎양지꽃(*P. freyniana*)은 산기슭이나 길가에 자라며 4~5월에 꽃이 피는 여러해살이풀이다. 양지꽃과 달리 깃꼴겹잎을 구성하는 작은 잎이 세 장이다.

제주양지꽃(*P. stolonifera* var. *quelpaertensis*)은 제주도 한라산에 자생하며, 4~6월에 꽃이 핀다. 줄기는 25센티미터 정도로 자라 양지꽃보다 작으며, 줄기가 자줏빛을 띠고 몸 전체에 털이 많다. 뿌리잎 끝에 1~3송이의 노란 꽃이 핀다. 여러 면에서 양지꽃과 비슷하나, 기는줄기가 있어 사방으로 퍼져나가는 것이 큰 차이점이다.

---

[*] 이정식·윤평섭,《자생식물학》, p. 351, 서일, 1996.

얼레지

과명	백합과(Liliaceae)	학명	*Erythronium japonicum* Decne.
다른 이름	미역취, (영)Dog-Tooth Violet	개화기	3~4월

'바람난 여인'이라는 꽃말의 얼레지

주로 높은 산악지대의 비옥한 땅에서 자라는 여러해살이풀로, 3~4월에 개화한다. 비늘줄기를 가진 백합과 식물인 얼레지는 봄철에 길이 25센티미터 정도의 꽃줄기가 먼저 나오고 그 밑에 두 장의 잎이 땅 가까이에 달린다. 고개를 숙인 채 다소곳이 맺혀 있던 꽃봉오리가 피기 시작하면 여섯 장의 꽃잎이 활짝 열려 꽃잎의 뒷면이 서로 닿을 듯이 젖혀진다.

잎에 얼룩 같은 핏빛 무늬가 있어서 '얼레지'라는 이름이 붙은 것으로 알려졌지만, 이 무늬가 아예 없는 것도 있고, 반대로 잎 전체가 붉은 갈색인 것도 있다. 꽃잎이 뒤로 젖혀진 모양이 개의 이빨을 닮았다고 해서 서양에서는 '도그투스 바이올렛(dog-tooth violet)'이라고 한다. 우리나라에서는 꽃말이 '바람난 여인'인데, 고개 숙여 꽃이 피기를 기다리던 꽃봉오리가 개화하면서 발랑 뒤집혀 속에 숨겨져 있던 긴 보랏빛 암술대와 수술대를 다 드러내는 모습 때문에 이런 꽃말이 붙었다.

● **꽃 피는 시기_** 3~4월에 꽃이 핀다. 아침에 햇살을 받으면 꽃잎이 열리고 오후에 햇살이 약해지면 꽃잎을 닫고 아침을 기다린다.

● **이용_** 강원도에서는 잎을 나물로 먹는다. 국을 끓이면 미역맛이 나 '미역취'라고 부르기도 한다. 잎은 날것을 먹어도 오이 씹는 맛이 난다고 하지만, 날로 먹으면 설사를 하므로 익혀서 먹어야 한다. 비늘줄기에 질 좋은 전분이 들어 있어, 지사제나 건위제 등의 약재로 쓰인다.

● **재배 및 관리_** 배수가 잘 되는 낙엽수 아래 부엽토가 두껍게 깔리고

습기가 있는 반그늘에 심는다. 여름에 강한 빛과 더위를 싫어하므로 통풍이 잘 되는 곳에서 기른다.

얼레지는 뿌리나 종자로 번식시킬 수 있다. 간혹 산을 오르다 얼레지의 매혹적인 모습에 반해 한 포기 캐어보려 하지만 그리 쉽지가 않다. 땅속의 비늘줄기는 지상의 식물체 키보다 몇 배나 깊이 자리하고 있기 때문에, 들에서 캐기도 힘들거니와, 얼레지 화분을 구입해 재배할 때도 포기를 나누기는 현실적으로 어렵다.

종자를 5월에 채취해 뿌리면 다음 해에 싹이 나오지만, 종자를 뿌려 꽃이 피기까지는 무려 5~6년이 걸린다. 그래서 대부분 포트재배묘를 구입해 화분에 키워서 매해 봄 꽃을 보지만, 씨앗을 구해 씨를 뿌려놓고 은근과 끈기로 기다리면 좀 더 많은 개체를 확보할 수 있다.

연령초

| 과명 | 백합과(Liliaceae) | 학명 | *Trillium kamtschaticum* Pall. | 개화기 | 5~6월 |

위장약으로 쓰는 연령초

중부 이북 산지의 개울가 응달진 곳에 자라는 여러해살이풀이다. 속명 (*Trillium*)은 '셋'을 뜻하는 라틴어(*treis*)에서 따왔다. 잎이 3매, 꽃잎이 3매, 꽃받침이 3매인 데서 유래된 이름이다. 원줄기는 1~3개가 15~30센티미터로 자라며, 줄기 끝에 3매의 잎이 돌려난다(輪生). 잎은 잎자루가 없고 둥그스름한데 끝이 뾰족하다. 뿌리줄기는 짧고 굵으며 땅속 깊이 들어가 잔뿌리를 내린다. 유사종인 큰연령초(*T. tschonoskii*)는 조금 일찍(4~5월) 꽃이 피고, 분포지역도 달라 울릉도와 북한 일부 지역의 높은 산에서 자란다.

● **꽃 피는 시기_** 5~6월에 윤생한 잎 중앙에서 하나의 꽃대가 올라와 끝에 한 송이의 흰 꽃이 핀다. 때로는 붉은 꽃이 피기도 한다.

● **이용_** 식물 전체를 약(위장약)으로 사용하고, 화분이나 화단에 심어 관상한다. 약으로 썼을 때 수명을 연장하는 풀이라는 뜻에서 연령초(延齡草)라는 이름이 붙었다고 한다.

● **재배 및 관리_** 점질양토에서 잘 자라고 반그늘을 좋아한다. 화분에 심을 때는 통기성이 좋고 배수가 잘 되도록 산모래에 30퍼센트의 부엽토나 시판 배양토를 섞어 사용한다. 2년에 한 번 정도 분갈이를 하는데 10월 말 이전에 작업을 끝낸다. 뿌리줄기를 잘라 포기나누기를 하는데, 포기가 잘 늘어나지는 않는다. 씨 뿌린 후 2년이 지나야 모습을 보이고도 생육이 느려 꽃이 피기까지는 여러 해가 걸린다. 일본에서는 자생종뿐 아니라 여러 종류의 외국종이 도입되어 다양한 꽃색의 연령초를 재배하고 있다.

은방울꽃

08. youngsook-Her

과명	백합과(Liliaceae)	학명	*Convallaria keiskei* Miq.
다른 이름	초롱꽃, 영란, (영)Lily of the Valley	개화기	5~6월

성모 마리아의 꽃, 은방울꽃

흔히 '초롱꽃'이라고도 불리는 은방울꽃은 5~6월에 꽃이 피는 백합과의 숙근초다. 속명(*Convallaria*)은 '계곡'을 뜻하는 라틴어(*convallis*)와 '백합'을 뜻하는 그리스어(*leirion*)의 합성어이며, 영어로는 이를 직역해 '계곡의 백합(lily of the valley)'이라고 한다.

해발이 높은 곳 반음지에서 잘 자란다. 잎 사이에서 꽃대가 올라와 방울 모양의 작고 향기로운 흰 꽃을 여러 송이 피운다. 산에서 숲속을 지날 때 은은한 향기를 좇아가면 은방울꽃을 발견하는 행운을 만나기도 한다. 도시에서도 은방울꽃의 향기를 즐기기 위해 재배하기도 하는데, 낮은 지대에 심으면 잎은 무성하나 꽃을 보기가 어렵다. 은은한 향기와는 달리 독성을 가지고 있는 것으로 알려졌다.

은방울꽃에는 여러 가지 이야기가 전한다. 식물학자이자 미술사가인 하일마이어(Marina Heilmeyer)[*]가 소개한 은방울꽃에 얽힌 이야기를 보자.

은방울꽃은 북유럽에 자생하기 때문에 라틴어 이름이 없었다. 식물학에 조예가 깊은 한 수도승이 계곡에 피어나는 이 귀여운 꽃을 보고 라틴어명 '콘발리스(*convallis*)'를 주어, 처음에는 '계곡의 백합'이라는 뜻의 학명(*Lilium convallium*)이 붙여졌다.

중세에는 '순결'을 뜻하는 백합에 비해 작고 청초한 은방울꽃의 아름다움에 성모 마리아의 이미지를 투영해, 마리아 그림에는 늘 은방울꽃이 그녀의 손에 들려 있거나 발밑에 놓여 있었다. 십자가 아래 마리아가 흘린 눈물에서 돋아난 꽃이라 하여 '5월의 백합(May lily)' 또는 '마리아의 눈물

---

[*] Heilmeyer, M., *The Language of Flowers*, p. 52, Prestel, New York, 2001.

(Mary's tear)'이라고도 불린다. 또 독일의 봄축제에서 봄의 여신 오스타라 (Ostara)에게 바쳐졌던 꽃이라고도 한다. 그녀를 위해 봄의 모닥불이 지펴 졌고 거기에 은방울꽃을 제물로 뿌렸다는 것이다.

이와 같이 굳은 믿음에 대비해 미신적 요소, 치유의 힘에 대비해 독성이 있는 은방울꽃은 양면성을 가지면서도 언제나 바른 선택을 한다 하여, 꽃 말이 '행운(사랑에서)', '바른 선택'이다.

● **꽃 피는 시기** _ 5월경에 꽃대가 올라오고 꽃자루를 따라 열 송이 정도 의 흰 종 모양 작은 꽃이 아래를 향해 달린다. 꽃의 크기는 6~8밀리미터 로, 작고 끝이 여섯 갈래로 갈라져 뒤로 젖혀진다.

● **이용** _ 관상용·분화용으로 인기가 좋다. 특히 향긋한 향기가 매력적 이나 멀리 퍼지지는 않는다. 한방에서는 영란(玲蘭), 초옥란(草玉蘭), 초옥 령(草玉玲)이라 하는데 뿌리를 비롯한 전초가 강심·이뇨의 약효가 있다고 한다. 심장병에 유효한 성분이 있지만 꽃대와 열매는 독성이 강하다.

● **재배 및 관리** _ 배수가 잘 되고 부식질이 풍부한 사질양토에서 잘 자란 다. 낙엽수림의 가장자리에 주로 모여피는 것으로 보아 볕이 잘 드는 반그 늘에서 키우는 것이 좋다. 나무 밑에 심을 수 없는 경우에는 건물에 붙은 동향 화단에 심는 것이 좋다. 노지에서 월동이 가능하며, 그늘에서 잘 견 디고, 습한 것을 좋아하나 건조에도 강하다.

포기나누기로 주로 번식한다. 뿌리가 땅속 깊이 뻗기 때문에 포기를 나 눌 때 흙을 깊이 떠내야 뿌리가 상하지 않는다. 씨앗으로 번식할 수도 있 지만 꽃이 피기까지 5년 가까이 기다려야 한다.

자란

Hyeyoungwoo '09

| 과명 | 난초과(Orchidaceae) | 학명 | *Bletilla striata* Reichib.fil. | 개화기 | 5~6월 |

자색 꽃이 피는 난, 자란

전남 해안의 풀밭에서 자라는 난과 식물이지만, 자생지에서는 찾아보기 어려워진 희귀식물이다. 반면 꽃시장에서는 쉽게 구할 수 있는 원예식물이 되었다.

땅속에 다육질의 헛알줄기(僞球莖)가 있고, 그 주변에 많은 뿌리가 사방으로 뻗는다. 잎은 긴 타원형으로 길이 20~30센티미터에 너비 2~5센티미터로 어긋나고(호생), 끝이 뾰족하며, 아래쪽 5~6매는 서로 감싸고 있어 줄기 같아 보인다. 외떡잎식물의 특징인 평행맥이 뚜렷하며, 잎이 맥을 따라 주름진다.

줄기 끝에 붉은 보라색 꽃이 피는데, 흰 꽃이 피는 것도 있다. 붉은 보라색(紅紫色) 꽃이 핀다고 '자란(紫蘭)'이라는 이름이 붙었는데, 붉을 주(朱) 자를 써서 '주란'이라고 부르기도 한다. 흰 꽃 자란은 '백화자란(*B. striata* for. *gebina*)'이라고 한다.

백화자란

● **꽃 피는 시기 _** 5~6월에 꽃줄기 끝에 붉은 보라색 꽃 6~7송이가 총상화서로 핀다. 지름은 3센티미터 정도이고, 입술꽃잎은 쐐기 모양으로 가운데는 색깔이 연하고 주름져 있으며, 가장자리로 갈수록 점차 색이 진해지고 물결 모양을 이룬다.

● **이용 _** 관상용으로 각광을 받고 있으며 공업용 및 약용으로도 쓰인다. 남부에서는 화단에 심어 관상하나, 중부 지방에서는 월동이 어려우므로 화분에 심어 관상한다. 예전에는 알뿌리를 풀을 만드는 데 사용했다고 한다. 한방에서는 위구경과 뿌리를 함께 쪄서 말려 위장 출혈이나 코피를 지혈하는 데 쓴다.

● **재배 및 관리 _** 배수와 통기가 잘 되는 토양에서 잘 자란다. 화분에 심을 때는 굵은 마사토를 바닥에 깔고, 그 위에 마사토와 시판 배양토 또는 마사토와 바크를 섞거나 동양란을 심는 흙에 난을 심는 방법으로 심는다. 밝은그늘에 두고 과습하지 않도록 화분의 겉흙이 마르면 물을 준다.

꽃이 진 후에는 꽃대를 밑에서부터 잘라주거나 뽑아내고, 튼실하게 영양생장을 할 수 있도록 빛이 잘 드는 곳에 둔다. 영양생장 기간 중 묽게 탄 액비(약 2,000배)를 분무해주거나 화분 위에 완효성 난비료를 올려준다.

분갈이를 너무 자주 하면 식물이 세력을 잃게 되므로 화분이 꽉 차도록 자란 다음 분갈이를 하면서 포기나누기로 번식시킨다. 봄이나 가을에 한 분에 세 촉 이상 붙여서 나눠심으면 된다. 잎이 떨어져나간 묵은 뿌리(back bulb)도 버리지 말고, 지저분한 것을 정리해 스패그넘이끼에 위구경이 3분의 2 정도 묻히도록 심고 물을 주면 다시 싹이 튼다.

작약

| 과명 | 미나리아재비과(Ranunculaceae) | 학명 | *Paeonia lactiflora* Pall. |
| 다른 이름 | 함박꽃, (영)Peony | 개화기 | 5~6월 |

꽃 중의 꽃 모란을 닮은 작약

중국이 원산지라고 알려진 여러해살이풀인데, 우리나라와 만주 지방 산속에 자라는 것을 일찍이 집 안으로 들여 재배해왔기 때문에 '야생화'라고 하기에는 좀 무색하다. 자생지는 중부 지역의 산지로 알려졌고, 재배종은 'P. latiflora var. hortensis Mak.'으로 분류된다.[*]

속명(Paeonia)은 그리스 신화 중 의술의 신 파에온(Paeon)에서 유래했다. 신화에 따르면, 신들이 싸울 때 입은 상처를 파에온이 작약 뿌리로 치료해주었다고 한다. 전설적으로 마술과 같은 약효를 가졌다고 전해지지만, 서양에서는 주로 약초로서보다는 그 화려한 꽃 때문에 재배되었다. 중세에는 성모 마리아의 그림에 자주 등장하는 등 성스러운 꽃으로 여겨졌다.

작약은 종종 모란(牧丹)과 혼동된다. 비슷한 시기에 비슷하게 화려한 꽃을 피우기 때문이다. 하지만 모란(P. suffruticosa Andr.)은 목본식물인 데 비해 작약은 초본식물이기 때문에, 겨울이면 지상부가 말라 없어졌다가 봄에 붉은 새순이 돋아난다. 그래서 생장이 먼저 시작된 모란의 꽃이 피었다 진 후에야 작약이 꽃을 피운다.

서양에서는 장미를 꽃 중의 꽃이라 하지만, 동양 특히 중국에서는 예로부터 모란을 '꽃 중의 꽃(花中王)'이라 칭송했다. 그래서 양귀비를 모란에 비유하기도 했다. 모란은 또 부귀를 나타내는 꽃으로 옛사람들의 그림에 자주 등장했다.

서양에서는 18세기에 중국풍 유행이 유럽을 휩쓸 때 모란과 작약이 중국에서 유럽으로 전해졌을 것으로 본다. 기록에 의하면, 유럽에 처음 소개

---

[*] 이정식·윤평섭,《자생식물학》, p. 346, 서일, 1996.

된 중국작약(Chinese Peony, *P. latiflora*)은 1784년 독일의 박물학자 팔라스 (Peter Pallas)가 영국(큐식물원)의 식물추적자 조셉 뱅크스(Joseph Banks)에게 전해주면서, 영국을 비롯한 유럽의 정원을 장식하게 되었다.[*]

서양으로 들어온 모란류가 사랑을 받은 것은 그 화려한 꽃과 더불어, 특별한 관리 없이도 재배하기 쉽고 수명이 길었기 때문이다. 작약이나 모란은 수명이 아주 길어 자리를 옮기지 않으면 수백 년도 자란다고 알려졌다. 미국 산골에서 주민은 벌써 도시로 이주해 집은 다 허물어졌어도, 한때 정원이었던 자리에서는 아직도 작약이 야생화로 계속 피고 진다고 한다.

● **꽃 피는 시기** _ 5~6월에 흰색, 붉은색, 담적색, 담홍색, 흑홍색 등 다양한 색의 꽃이 핀다. 재배종은 푸른색 계열을 제외한 거의 모든 색 꽃이 개발되고 있다.

● **이용** _ 이름의 유래에서 알 수 있듯이, 마술과 같은 약효를 가진 식물이다. 하지만 서양에서는 일찍이 약용보다는 관상용으로 정원에 자리를 잡았다. 우리나라에서도 주로 화려한 꽃을 감상하기 위해 정원이나 화분에 심어 재배한다. 한방에서는 뿌리를 진통, 진정, 소염의 약재로 쓰며 부인병에 처방한다.

● **재배 및 관리** _ 정원에서 가꿀 때는 나무 밑 반그늘에 부엽토가 많이 섞인 흙을 사용해 심고, 화분에 심을 때는 깊고 큰 용기에 40퍼센트 정도

---

[*] Wells, D., *100 Flowers and How They Got Their Names*, pp. 163~165, Algonquin Books of Chapel Hill, 1997.

의 부엽토를 섞은 산모래를 넣어 심는다. 거름기가 많은 토양에서 잘 자라므로, 화분 위에 깻묵이나 완효성 비료를 얹고 월 2회 물비료를 뿌려준다. 포기나누기를 하면 꽃이 잘 안 피므로 포기가 아주 커질 때까지 기다린다. 포기나누기 적기는 가을이다. 봄에 하면 그해에는 꽃을 보지 못할 수 있다.

● **유사종_** 작약 종류로는 호작약, 참작약, 적작약, 백작약 등이 있다. 우선 잎 뒷면의 맥 위에 털이 나 있는 것을 호작약(*P. lactiflora* var. *hirta*), 씨방(子房)에 털이 밀생해 있는 것을 참작약(*P. latiflora* var. *trichocarpa*)이라고 한다. 우리나라 산야에서 자라는 붉은 꽃이 피는 작약은 때때로 적작약(*P. lactiflora*)이라고도 한다. 일본이 원산지라는 산작약(*P. japonica*)은 붉은 꽃과 흰 꽃이 피는데, 지름이 4~5센티미터 되고 꽃이 비교적 활짝 벌어지지 않는 편이다. 산작약이라고 하면 대부분 흰 꽃을 말하는데, 정확하게는 '백산작약'이라고 해야 한다는 주장도 있다. 산작약 중 붉은 꽃을 피우는 것은 적작약과 구분해 적산작약(*P. obovata*)이라고 한다.

멸종위기 야생식물 II급인 산작약.

제비꽃

S M Lee
2008. April

과명	제비꽃과(Violaceae)	학명	*Viola mandshurica* W. Becker
다른 이름	오랑캐꽃, 씨름꽃	개화기	4~5월

오랑캐 쳐들어올 때 핀다고 오랑캐꽃이라 불리는 제비꽃

이른 봄 전국의 들녘이나 길가, 언덕, 양지바른 공터에 어김없이 피어나
는 여러해살이풀이다. 하늘을 나는 제비를 닮아 '제비꽃'이라는 이름이 붙
었는데, 이 꽃이 필 때쯤이면 북쪽의 오랑캐가 쳐들어온다고 해서 오랑캐
꽃, 식물의 모양이 씨름하는 자세와 같다고 해서 씨름꽃이라고 부르기도
한다. 그 외에도 병아리꽃·장수꽃·외나물이라고도 하며, 어린아이들이 반
지를 만들어 끼기 때문에 반지꽃이라고도 부른다. 잎은 길쭉한데 아랫부
분은 넓으며 가장자리에 둔한 톱니가 있다. 꽃은 뒷부분에 불룩 튀어나온
꿀주머니(距)가 달려 있다.

제비꽃 꽃 뒤로 불룩 튀어나온 꿀주머니. 이 꿀주머니를 많은 책에서 '거(距)'라고 표기하고 있다.

● **꽃 피는 시기**_ 4~5월에 꽃대 하나에 한 송이씩 꽃이 핀다. 꽃색은 주
로 자주색인데, 간혹 노란색이나 흰색 제비꽃이 발견되기도 한다. 꽃이 지
면서 6~8월에는 보리알 모양의 꽃망울 같은 것이 달리는데 이것이 종자
가 든 열매다.

● **이용** _ 작은 화분에 여러 포기 심어 관상하거나 정원 또는 화단에 심는다. 어린잎은 나물로 먹고, 뿌리와 줄기는 부스럼을 치료할 때 쓰이는데 해독작용도 알려져 있다.

● **재배 및 관리** _ 내한성, 내건성, 내서성, 내습성이 모두 약하다고 하지만 양지바른 곳이면 어떤 토양에서나 잘 자란다. 다만 건조하지 않게 물관리를 잘 해주어야 한다. 대부분 씨뿌리기로 번식하는데, 채종 즉시 파종하는 것이 좋다. 다음 해 봄에 뿌리기도 하는데, 그때는 발아율이 급격히 떨어진다. 또 씨앗이 익으면 탄성에 의해 터져나가기 때문에, 원하는 곳에서 벗어나 엉뚱한 장소에서 싹이 나 자라기도 한다.

● **유사종** _ 우리나라에는 제비꽃과 비슷한 종이 많은 것으로 알려졌다. 1913년 미국 장로교회 소속 목사로 우리나라 순천에 와서 선교활동을 하던 존 커티스 크레인의 부인 플로렌스 크레인(Florence H. Crane)은 남편을 도와 한국 학생들에게 미술을 가르쳤다. 그녀는 특히 우리나라의 야생화에 관심이 많아 그 그림을 그리고 관련 전설과 민요를 채집해 수록한 책을 1939년 일본 도쿄의 산세이도출판사에서 출간했다. 그 책에 이미 12종의 제비꽃이 수록되었다.[*]

이정식과 윤평섭에 의하면, 우리나라에는 38종 9변종 5품종, 모두 52종 이상이 자생한다고 한다.[**] 52종 중 야생 화훼식물로 이용할 수 있는 식물과 그 특징을 정리하면 다음 표와 같다.

---

[*] Florence H. Crane, 윤수현 옮김, 《한국의 야생화 이야기(Flowers and Folk-Lore from far Korea)》, pp. 71~84, 민속원, 2003.
[**] 이정식·윤평섭, 《자생식물학》, p. 367, 서일, 1996.

명칭(학명)	특징
고깔제비꽃(*V. rossii*)	잎이 고깔 모양이고 꽃은 연한 보라색이다.
남산제비꽃(*V. dissecta* var. *chaerophylloides*)	꽃은 희고 자주색 맥이 있으며 잎은 단풍잎같이 잘게 갈라져 있다.
노랑제비꽃(*V. orientalis*)	이른 봄 자생지에서 노란 꽃이 무리지어 핀다.
알록제비꽃(*V. variegata*)	잎에 흰 줄 얼룩무늬가 있고, 자주색 꽃이 핀다.
호제비꽃(*V. yedoensis*)	꽃과 잎이 크며 연분홍 또는 보라색 꽃이 핀다.
흰제비꽃(*V. patrini*)	꽃은 흰색이며 안에 털과 자주색 줄이 있다.

벌레잡이제비꽃

벌레잡이제비꽃(Butterwort)은 뒤에 제비꽃이라는 이름이 붙었지만 제비꽃과가 아니라 통발과에 속하는 여러해살이 식충식물로, 벌레잡이오랑캐(*Pinguicula vulgaris* L.)라고도 불린다. 잎이 제비꽃과 달리 도톰한 것이 마치 연잎바위솔과 비슷하다. 잎 표면에 점액이 이슬처럼 맺혀 벌레를 잡는다.

제비꽃은 닫힌꽃도 갖는다

제비꽃은 종자를 맺고 번식하는 데 여러 가지 전략을 가지고 있다. 봄에 꽃이 피면 꿀로 벌레들을 유인해 수정작업을 돕게 한다. 제비꽃은 찾아온 벌을 비롯한 매개충이 꿀만 따먹고 가는 것을 방지하기 위해 꽃송이 뒤쪽에 거(距)라고 하는 돌기를 갖추고 있다. 이곳에는 꿀도 있어 꿀을 찾는 곤충이 이곳에 빠지면 쉽게 나올 수 없기 때문에 제비꽃의 딴꽃가루받이를 효율적으로 일으켜서 씨앗을 만들어낸다.

한편, 봄이 지나 숲이 우거져 그늘이 두터워지면서 찾는 곤충이 줄고, 무더운 여름이나 장마철을 만나 매개충의 활동이 여의치 않은 환경에 처하면, 꽃봉오리를 열지 않은 닫힌꽃(폐쇄화) 안에서 자기꽃가루받이를 하여 씨를 얻는다.

종자 끝에 있는 엘라이오솜(elaiosome)이라는 젤리 모양의 지방덩어리가 개미를 유인하고 개미는 제비꽃의 씨앗을 멀리 퍼뜨린다.

족두리풀

2009. Ahin Nyanaka.

과명	쥐방울덩굴과(Aristolochiaceae)	학명	*Asarum sieboldii* Miq.
다른 이름	(약)세신, 세삼	개화기	4~5월

새색시 족두리를 닮은 족두리풀

전국 거의 모든 숲속 나무 밑 그늘에서 자라는 여러해살이풀이다. 작고 동그랗게 구부러진 꽃 모양이 시집갈 때 새색시가 머리에 쓰던 족두리를 닮았다고 해서 붙여진 이름이다. 식물의 키는 15센티미터 정도 되며, 뿌리에 마디가 많은 뿌리줄기를 가지고 있고, 땅속줄기는 옆으로 비스듬히 자라며 마디에서 뿌리가 내린다. 뿌리줄기의 마디에서 긴 자루를 가진 잎이 두 장 나오는데, 심장 모양으로 길이가 5~10센티미터이고 잔털이 많이 나 있어 만지면 아주 부드럽다. 잎에 무늬가 있는 개족두리풀(*A. maculatum*)은 제주도에 자생한다.

● **꽃 피는 시기_** 꽃은 4~5월에 피는데, 잎이 길게 올라온 후 그 밑으로 피기 때문에 세심하게 관찰하지 않으면 꽃을 보기가 어렵다. 잎자루 밑에서 자란 보라색 꽃자루 끝에 지름 1.5센티미터 정도의 진한 자홍색 꽃이 한 송이씩 핀다. 꽃통 끝은 세 갈래로 갈라져 뾰족하고 뒤로 말린다.

● **이용_** 잎 또는 꽃을 보는 관화(觀花) 식물로 재배한다. 한방에서는 세신(細辛)·소신(少辛)·세삼(細蔘)이라고 부르는데, 냉기를 가시게 하고 진해·진통·거담의 효과가 있다 하여 뿌리와 잎을 약재로 이용한다.

● **재배 및 관리_** 배수가 잘 되는 비옥한 토양의 나무그늘에서 키운다. 직사광선을 싫어하며 밝은 반그늘에서 잘 자란다. 번식은 포기나누기와 씨뿌리기로 한다. 땅속줄기를 잘라 포기나누기를 하거나 씨를 뿌려 번식시키는데, 씨 뿌린 후 개화할 때까지 3~4년 걸린다.

진달래

Kwon Youngmi

과명	진달래과(Ericaceae)	학명	*Rhododendron mucronulatum* Turcz.	
다른 이름	두견화, (영)Korean Rhododendron, Korean Rosebay		개화기	3~4월

척박한 환경에도 절대 굴하지 않는 진달래

우리나라 산이나 들이면 전국 어디서나 흔히 볼 수 있는 키 2미터 정도의 진달래과 낙엽활엽관목으로, 김소월의 시로 더 친근해진 꽃이다. 척박한 땅에서도 끈질긴 생명력으로 번창해온 진달래는, 가난과 서러운 환경에도 굴하지 않고 꿋꿋이 살아온 우리의 민족성과 닮았다.

그런데 봄이면 전국 방방곡곡 어디서나 지천으로 피어나던 진달래가, 어쩐 일인지 요즈음은 보기가 그리 쉽지 않다.

진달래는 원래 산성 토양에 서식하는 식물이다. 예전 우리나라의 산악 환경은 워낙이 척박했고 또 낙엽까지 모두 긁어서 땔감으로 사용했으며, 여름에는 긴 장마가 계속되어서 토양에 양분이 되는 염류가 축적될 겨를이 없이 산성화되었다. 그래서 우리 산야에는 산성 토양에서 잘 자라는 소나무와 진달래과 식물이 번창했다.

그러나 산림보호 정책과 연탄의 출현으로 산에는 낙엽이 쌓이고 활엽수가 늘어나면서 염류가 축적되어 토양이 산성을 벗어나 중성 내지는 알칼리성으로 변해갔다. 또 활엽수가 무성해지면서 산림이 점점 어두워져 진달래 서식지가 줄어들었다.

진달래는 반음지식물이기 때문에 산의 남쪽 능성이에서는 만나기가 쉽지 않다. 하루종일 빛이 들지는 않아도 하루에 몇 시간씩은 밝은 빛을 볼 수 있는 동향이나 서향에 진달래가 만발한 것을 흔히 볼 수 있다.

진달래의 형태를 보자. 줄기 끝에 잔가지가 많이 갈라지고, 잎은 어긋나며(호생) 긴 타원형으로 끝과 밑이 뾰족하다. 잎 가장자리는 톱니 없이 밋밋하며 뒷면에 인편이 밀생한다.

진달래는 두견새가 울 때 피는 꽃이라 하여 '두견화(杜鵑花)'라고도 한다. 전해오는 전설에 따르면, 효심 깊은 며느리가 시어머니를 모시고 사는 집 앞에 호랑이가 나타났다. 며느리가 시어머니를 보호하기 위해 호랑이를 집에서 멀리 유인해 잡아먹히기를 기다렸으나, 호랑이는 한참이 지나도 잡아먹지를 않았다. 이상하게 생각해 눈을 떠보니, 호랑이가 계속 입을 벌리고만 있었다. 그 입 속을 들여다보니 커다란 헝겊뭉치가 걸려 있었다. 호랑이는 그것을 꺼내주기를 바라는 것 같았다. 며느리가 헝겊뭉치를 꺼내 그 속에 든 것을 집에 가져다 심으니 아름다운 꽃이 만발했다. 호랑이가 다시 나타나 그 꽃이 백두산에서 온 귀한 꽃임을 확인한 시어머니와 며느리는, 그 꽃을 달여도 먹고 우려도 마시며 무병장수했다고 한다.

진달래꽃은 우리 민속문화에서 중요한 위치를 차지하고 있다. 우리 선조들은 계절의 변화와 더불어 제철에 피는 꽃을 즐기고 이용해왔다. 봄이 되면 삼월삼짇날(음력 3월 3일)에 진달래와 함께했고, 여름이 되면 단오절(음력 5월 5일)에 창포와 함께했으며, 가을이 되면 중양절(음력 9월 9일)에 국화를 노래하고 그것을 이용해 술과 음식을 만들어 먹었다.

정이월이 다 가고 3월이 오면 날씨가 따뜻해지면서 산과 들에 온갖 꽃이 피어나고 죽은 듯싶었던 나무에서 새순이 돋아나기 시작한다. 우리 민족에게는 봄을 맞아 남녀노소 모두 화창한 날을 골라 음식을 장만해 꽃놀이를 가는 풍습이 있었는데, 이를 화류(花柳)놀이 또는 화전(花煎)놀이라 했다. 화전놀이는 보통 마을 단위로 서로 어울려 꽃을 감상하기도 하고, 같이 즐길 수 있는 무리(요즈음의 동호회와 같은)끼리 모여 봄을 즐기는 상춘(賞春) 행사로, 문인묵객(文人墨客)들은 시를 짓고 그림을 그리며 하루를 즐겼다. 문인묵객들과 달리 부녀자들의 화전놀이에서 가장 중요한 것은, 놀이 중에 시절음식인 진달래화전을 만들어 먹는 일이었다. 혜원 신윤복의 '춘색야희도(春色野戲圖)', '상춘야흥(賞春野興)'이 바로 그 화전놀이를 묘사한

그림이다. 또 아래 최영년의 시조나 안동 지방에 전해내려오는 화전가들은 바로 진달래를 비롯해 꽃이 만발한 봄을 즐기는 화전놀이의 풍정을 노래한 것이다.*

곱고 따스한 천기에서 봄빛을 느끼고　　媚妍天氣感韶華

금빛 수양버들엔 수만의 실 늘어졌네　　金色垂楊萬縷斜

곳곳에 꽃 지지는 향긋한 봄맛이 좋고　　處處煮紅春味好

온 산 그득히 진달래가 활짝 피었네　　滿山開放杜鵑花

_ 최영년(崔永年), 〈자화회(煮火會)〉,《해동죽지(海東竹枝)》

오리불실 두견화를 마음대로 따다놓고

동유 불러 묻는 말이 엇지엇지 꾸어볼고

십오야 온달째로 둥실둥실 꾸어볼까

아롱아롱 꽃을 박아 보기 좋게 꾸어볼까

천원 지방 본을 받아 돈전으로 꾸어볼까

물렁물렁 짐이 나서 먹기 좋게 꾸어볼까

이리 굽고 저리 꾸어 솜씨대로 꾸울 적에

불로초로 꾸운 것은 부모님전 봉양하고

무궁화로 꾸운 떡은 군자전에 봉양하고

철죽화로 꾸운 떡은 마고선녀 봉선(逢仙)하고

두견화로 꾸운 떡은 산신님전 올린 후에

차례대로 둘러앉아 먹고 나니 향기롭다

---

* 이상희,《꽃으로 보는 한국 문화 1》, p. 234, 넥서스BOOKS, 1998.

● **꽃 피는 시기_** 3~4월에 잎보다 먼저, 각 가지 끝에 2~5송이가 모여 핀다. 꽃잎은 활짝 열리지 않고 깔때기 모양으로 핀다. 꽃부리는 지름이 3~4센티미터이고, 다섯 갈래로 갈라지며, 분홍색이다. 가장자리는 주름이 진다. 수술은 열 개로 기부에 털이 있고 암술대보다 길다.

● **이용_** 식용, 약용, 관상용으로 두루 이용된다. 꽃으로 기름을 짜거나 탕을 만들기도 했다고 한다. 화전을 부치거나 나물로 무쳐 먹기도 한다. 진달래로 만든 음식 중 특히 주목을 받는 것은 진달래꽃과 뿌리를 섞어 빚은 두견주(杜鵑酒)로, 약주(藥酒)로서 사랑을 받았다.

● **재배 및 관리_** 산성 토양을 좋아하므로, 마사토에 피트모스 또는 잘게 썬 이끼를 30퍼센트 섞은 흙에 심는다. 반음지식물이지만 양지에서도 잘 자란다. 정남향보다는 동남향이나 서남향을 더 좋아한다. 노지에서 월동 가능하며, 건조한 땅보다는 적당히 습한 곳에서 더 잘 자란다. 씨뿌리기, 포기나누기, 꺾꽂이를 통해 증식한다.

● **유사종_** 진달래의 유사종으로는, 흔하지 않지만 흰 꽃이 피는 흰진달래(_R. mucronulatum_ for. _albiflorum_), 잔가지가 많고 잎에 털이 있는 털진달래(_R. mucronulatum_ var. _ciliatum_), 잎이 넓은 왕진달래(_R. mucronulatum_ var. _latifolium_), 잎 표면에 윤기가 있고 양면에 사마귀 같은 돌기가 있는 반들진달래(_R. mucronulatum_ var. _martimum_), 열매가 특히 가늘고 긴 한라산진달래(_R. mucronulatum_ var. _taquetii_) 등이 있다.

처녀치마

Yhejeong 2008. 7

| 과명 | 백합과(Liliaceae) | 학명 | *Heloniopsis orientalis* Tanaka | 개화기 | 4~5월 |

처녀의 치맛자락을 펼쳐놓은 것 같은 처녀치마

습한 음지에서 자라는 식물로, 전국에 걸쳐 분포하며 일본과 사할린에서도 볼 수 있다. 부엽이 두텁게 쌓인 비옥하고 습한 낙엽수림에서 자생한다. 뿌리에서 자라난 잎은 방석 모양으로 땅에 붙어 둥글게 배열된다. 그배열이 마치 처녀가 치맛자락을 펼쳐놓고 앉아 있는 모습 같다고 하여 '처녀치마'라는 이름이 붙었다.

잎은 길이 7~15센티미터 너비 1.5~4센티미터로, 약간 빳빳하고 피침형이며 광택이 있다. 꽃은 보랏빛으로, 잎의 중심으로부터 10센티미터 안팎의 꽃줄기가 자라올라 정상부에 열 송이 정도의 꽃이 둥글게 뭉쳐핀다. 드물게 흰 꽃이 피기도 하는데 이를 흰처녀치마(var. *flavida*)라고 한다.

● **꽃 피는 시기**_ 4~5월에 붉은빛을 띤 보라 혹은 연보랏빛 꽃이 꽃줄기 끝에 3~10송이 모여서 아래를 향해 총상화서로 달린다. 암술대가 수술보다 길고 수술은 꽃잎보다 길다.

● **이용**_ 꽃은 물론, 꽃이 진 후에도 잎이 아름다워 관상용으로 키운다.

● **재배 및 관리**_ 이른 봄 볕이 잘 드는 곳에 심는다. 부엽토가 많고 비옥하면서 습기가 유지되는 곳이 좋으므로 낙엽수 아래 심으면 좋다. 양지식물이지만 반그늘에서도 잘 자라고, 여름에 더운 것을 싫어하며, 겨울에 노지에서도 월동이 가능하다. 건조에 약하므로 물을 충분히 주어 습기가 늘유지되어야 하지만, 과습한 것은 싫어하므로 배수가 잘 되도록 한다. 씨뿌리기와 포기나누기로 번식한다. 파종은 봄에, 포기나누기는 가을에 한다.

패모

2010 Eunjoo Lee

과명 백합과(Liliaceae) 학명 *Fritillaria ussuriensis* Maxim. 개화기 5월

꽃이 독특해 관상용으로 유망한 패모

함경도를 비롯한 산지에서 자라는 여러해살이풀로, 비늘줄기는 흰색이고 5~6개의 육질(肉質) 인편으로 되어 있는데, 둥글며 밑에서 수염뿌리가 나온다. 원줄기는 25센티미터 정도로 곧게 자라고, 마주나거나(대생) 세 개씩 돌려난다(윤생). 잎은 가늘고 길다. 길이 10센티미터 정도로, 잎자루가 없고 끝은 뾰족하며 윗부분은 덩굴손처럼 말린다.

한방에서 쓰는 패모는 중국패모(F. verticillata var. thunbergii)로 비늘줄기가 두 개의 인편으로 되어 있고, 꽃은 연황색이며 뚜렷하지 않은 그물 모양 무늬가 있다. 서양에서 멜레아그리스종(F. meleagris)을 중심으로 새로 육성된 패모는 꽃색이 화려하고 다양하다.* '오레아(Aurea)'는 적황색, '오로라(Aurora)'는 진한 적황색, '오렌지 브릴리언트(Orange Brilliant)'는 강렬한 오렌지색, '루테아(Lutea)'는 밝은 노란색, '루브라(Rubra)'는 러스티레드색이다.

● **꽃 피는 시기_** 5월에 길이 2~3센티미터의 종 모양 자주색 꽃이 윗부분의 잎겨드랑이에서 한 송이씩 아래를 향해 피어난다.

● **이용_** 관상용으로 아주 매력적인 식물이다. 서식지의 변화와 남획으로 인해 야생에서는 찾아보기 어렵지만, 일본에서는 씨뿌리기를 통해 도쿄에서도 패모를 재배하고 있다. 우리나라에서도 씨뿌리기로 대량 증식이 가능해지기를 바란다. 한방에서 이용하는 중국패모는 비늘줄기가 진해 및

＊ Hudak, J., *Gardening with perennials Month by Month*, p. 42, Timber Press, U.S.A., 1993.

거담제로 쓰이고, 젖을 돌게 하거나 고름을 배출하는 약으로 사용한다.

● **재배 및 관리** _ 화단에 심을 경우에는 북풍을 막을 수 있는 자리가 좋다. 화분에 심을 때는 흙을 산모래 7에 부엽 3의 비율로 섞어 쓴다. 밝은 곳에 두고 키우다가 휴면기에 접어들면 벤치 아래 등 그늘진 곳에 두고 물 주는 횟수를 줄이며 봄을 기다린다. 옮겨심기는 휴면기간인 겨울철에 한다. 인공교배를 통해 종자를 얻으면 씨뿌리기로 대량 생산이 가능할 뿐 아니라 새로운 품종을 만들어낼 수도 있으므로, 많은 애호가가 가정에서 인공교배를 시도해보기를 권한다(인공교배 방법은 43~49쪽 참조).

할미꽃

Haejeong 2009 4

과명	미나리아재비과(Ranunculaceae)	학명	*Pulsatilla koreana* Nakai
다른 이름	(약)백두옹, 노고초	개화기	4~5월

양지바른 무덤가를 지키는 할미꽃

한국, 중국, 일본에 걸쳐 햇빛이 잘 드는 풀밭에 높이 15~40센티미터로 자라는 미나리아재비과 여러해살이풀이다. 4~5월에 햇살 좋은 시골 들녘 어디서나 흔히 볼 수 있었던 할미꽃은 특히 양지바른 무덤가에 유난히 많았다. 어릴 때 부르던 "뒷동산에 할미꽃 호호백발 할미꽃, 젊어서도 할미꽃 늙어서도 할미꽃"이라는 동요와 함께 고향을 떠올리게 하는 꽃이다.

흰 털로 덮인 꽃대가 구부러져 있고, 꽃이 진 후에도 하얀 털이 열매와 함께 하얗게 익어가는 모습이 할머니를 닮아 붙여진 이름이다. 하지만 전해오는 이야기로는, 멀리 시집간 손녀를 찾아가다 허기와 추위로 죽은 할머니의 넋이 피어난 꽃이라고 한다.

잎자루가 길고 다섯 장의 작은 잎이 깃털 모양으로 깊게 갈라졌으며(깃꼴겹잎), 잎 표면은 진한 녹색으로 털이 없다.

● **꽃 피는 시기**_ 4~5월에 진홍색 갈래꽃이 아래를 향해 핀다. 꽃의 겉면은 긴 털이 밀생하지만 안쪽은 털이 없고 검붉은 자주색이다.

● **이용**_ 독성이 강해 예전에는 뿌리를 재래식 화장실에 두어 벌레를 퇴치했다. 진통, 지혈, 소염, 건위의 약효가 있는 것으로 알려졌다. 한방에서는 할미꽃 뿌리를 '백두옹(白頭翁)'이라 부르며 지사제로 이용하고, 민간에서는 신경통 치료에 써왔다.

● **재배 및 관리**_ 햇빛이 잘 드는 척박하고 건조한 토양에서 잘 자라지만, 관상용으로 키울 때는 거름을 주면 꽃이 크고 수도 많아진다.

● **유사종** _ 할미꽃이라고 하면 일반적으로 붉은색을 떠올리기 쉽지만, 노란색이나 분홍색 할미꽃도 있다. 노랑할미꽃(*P. cernua* var. *koreana* for. *flava*)은 1960년 서울 도봉산에서 발견되었다. 분홍할미꽃(*P. dahurica* Spreng.)은 할미꽃에 비해 전체적으로 작으며, 잎이 가늘고 끝이 뾰족하며 겉에 흰 털이 밀생한다. 주로 북한 지방에서 자라지만 동강을 비롯한 남한에서도 가끔 발견된다고 한다. 동강할미꽃도 분홍색 꽃이 핀다.

현호색

| 과명 | 현호색과(Fumariaceae) | 학명 | *Corydalis turtschaninovii* Bess. | 개화기 | 4~5월 |

종달새처럼 생긴 꽃, 현호색

전국적으로 습기가 있는 산기슭이나 나무그늘에서 자라는 여러해살이 풀이다. 키가 15~20센티미터인 작은 식물이지만 자생지에서는 군락으로 피기 때문에, 낙엽 가운데 있어도 쉽게 찾을 수 있다. 속명(*Corydalis*)은 '종달새'를 뜻하는 그리스어(*koridalis*)에서 유래했다. 꽃 뒤에 긴 꿀주머니(距) 가 달린 모습이 종달새 머리의 깃과 닮았기 때문이다.

꽃은 통꽃으로 길이가 25밀리미터 정도이며 꽃잎이 네 장이다. 꽃의 끝 이 두 갈래로 갈라졌고, 나머지 꽃잎 두 장은 벌어진 사이로 혀처럼 보인 다. 뿌리에는 지름 1센티미터 정도의 덩이줄기가 붙어 있다. 잎은 서로 어 긋나며(호생), 긴 잎자루 위에서 두 번 갈라진다.

현호색은 주로 종자로 번식하는데, 자연적으로 교배가 잘 이루어져 한 군락 안에서도 여러 가지 모양을 찾아볼 수 있다. 분류되어 도감에 수록 된 현호색의 종이 여러 개 있다. 비슷한 종류로는 종이 다른 왜현호색(*C. ambigua*)·들현호색(*C. ternata*)·좀현호색(*C. decumbens*)·섬현호색(*C. filistipes*) 등이 있고, 변종으로 애기현호색(*C. turtshaninovii* var. *fumariaefolia*)· 댓잎현호색(*C. turtschaninovii* var. *linearis*), 빗살현호색(*C. turtschaninovii* var. *pectinata*) 등이 있다.

● **꽃 피는 시기**_ 4~5월에 보라색 또는 분홍색 꽃이 줄기 끝에 5~10송 이 총상화서로 핀다.

● **이용**_ 주로 관상용으로 이용되지만, 부인혈(婦人血)을 원활하게 하는 효과가 있는 것으로 알려졌다.

● **재배 및 관리 _** 부식질이 풍부한 사질양토나 점질양토에서 잘 자란다. 양지식물로 노지에서 월동이 가능하다. 적당한 습기가 있는 곳에서 자생하므로 물을 충분히 준다. 6월에 채종한 종자를 바로 뿌리거나 덩이줄기를 나눠 번식시킨다.

● **유사종 _** 특징 있는 유사종을 살펴본다.

댓잎현호색(*C. turtschaninovii var. linearis*)은 꽃을 비롯한 생김새가 비슷한 현호색의 변종이지만 잎이 댓잎 같이 선형인 것이 특징이다. 잎은 잎자루가 길며 3개씩 1~2회 갈라지고 소엽(小葉)이 댓잎 같이 길죽하나 크기의 변이가 심하다. 열매도 길죽하다. 덩이줄기를 약용으로 쓴다. 간혹 흰꽃이 피곤 하는데 이를 '흰댓잎현호색'이라 한다.

빗살현호색(*C. turtschaninovii var. pectinata*)은 현호색에 나타나는 변이 중에 작은 잎이 잘고 깊게 가라지는 것이 있어 이를 빗살현호색과 혼동하기 쉽다. 빗살현호색은 잎이 현호색보다 더 도톰한 편이고 작은 잎이 빗살 같이 갈라진 모양이 학의 날개 같다고 표현한 전문가도 있다. 학자들은 약간의 무늬가 있는 것이 빗살현호색이라 주장한다.

홀아비바람꽃

과명	미나리아재비과(Ranunculaceae)	학명	*Anemone koraiensis*
다른 이름	(영)Korean Anemone	개화기	4~5월

한국 아네모네, 홀아비바람꽃

'한국 아네모네(Korean Anemone)'라는 영어이름을 가진 우리 고유식물로, 경기도와 강원도 이북의 깊은 산 나무그늘에서 자생하는 여러해살이 풀이다. 아네모네라고 하면 화려한 원예종만을 알고 있었는데 하얀색의 바람꽃이 아네모네라는 것을 처음 알았을 때 약간 놀랐다.

아네모네란 바람이라는 뜻을 가진 그리스어(anemos)에서 유래했다. 이른 봄 부드러운 바람이 불기 시작할 때 슬쩍 피었다 바로 지고 마는 모습이 바람결에 왔다가는 것 같다하여 붙은 이름이라고 한다. 때문에 서구에서는 아네모네를 '덧없음', '사라져가는 젊음'을 상징하는 꽃이라 말하곤 한다.

홀아비바람꽃이라는 이름은 꽃대가 하나씩 올라오기 때문에 주어진 이름이다. 반면 한 꽃대에 꽃이 2개 피어나는 바람꽃은 '쌍둥이바람꽃'이라 한다.

뿌리줄기가 굵고 육질이며, 뿌리에서 바로 한두 장의 잎이 나오는데, 잎자루가 길고 키는 15센티미터 정도다. 잎은 전체적으로 둥글지만 손바닥같이 다섯 갈래로 갈라진다. 줄기 가운데 달려 있는 잎은 줄기를 동그랗게 둘러싼 듯이 보인다. 꽃잎과 꽃받침 구분 없이 꽃잎처럼 보이는 화피(花被)가 다섯 장이고, 그 안에 노란색 수술이 다보록하게 모여 있다.

● **꽃 피는 시기 _** 4~5월 하얀 꽃 한 송이가 위를 향해 핀다. 꽃대는 7센티미터 정도로 자라며, 꽃의 크기는 12~13밀리미터로 별로 크지 않다.

● **이용 _** 주로 관상용으로 사랑받는다. 바람꽃 종류 가운데 약용으로 쓰

이는 것이 있는데, 꿩의바람꽃은 경련과 골절에 따른 통증 등에, 회리바람꽃의 땅속줄기는 거담과 위장의 소화력 증진 및 안정 등의 약재로 쓰인다.

● **재배 및 관리** _ 바람꽃류는 대부분 키가 15센티미터 미만의 소형종이므로, 야트막한 화분에 몇 포기씩 모아심으면 보기에 좋다. 화분에 심을 때는 산모래와 부엽토를 7대 3 정도로 섞어 배수가 잘 되도록 한다. 분갈이는 2년에 한 번 정도 하는데, 이때 포기나누기도 함께 한다.

정원에 심을 때는 낙엽수 아래 배수가 잘 되는 곳에 심는다. 봄에 하얀 꽃이 무리지어 피면 매우 아름답지만 꽃이 지고 나면 곧 지상부가 사라지기 때문에, 그 후에도 계속 모습을 드러내면서 해를 주지 않는 윤판나물이나 애기나리 등을 같이 심어 바람꽃 진 자리를 메우는 게 좋다.

씨뿌리기와 포기나누기로 번식시킨다. 포기나누기는 9월에서 10월 중순에 분갈이와 동시에 한다. 씨뿌리기는 많은 모종을 한 번에 얻을 수 있는 이점이 있다. 꽃이 지고 종자가 잘 익으면 씨를 받아 바로 뿌린다. 씨는 다음 해 봄에 발아하므로, 그때까지 건조하지 않도록 주의한다. 봄에 싹이 나서 자랄 때는 화분으로 옮겨심지 말고, 잎이 지고 휴면기로 들어가는 가을에 옮겨심는다. 꽃은 4년째부터 볼 수 있다.

● **유사종** _ 홀아비바람꽃 외에도 바람꽃이라는 이름을 가진 식물이 여럿 있다. 바람꽃은 그리스어로 '바람의 딸'을 뜻하는 아네모네(*Anemone*)라는 속명을 가진 종류 외에도, 에란티스속(*Eranthis*), 에네미온속(*Enemion*), 이소피룸속(*Isopyrum*) 바람꽃 등이 있다.

아네모네속 바람꽃은 앞에 수식어가 없는 바람꽃과 더불어 꿩의바람꽃, 쌍둥이바람꽃, 외대바람꽃(*A. nikoensis*), 회리바람꽃, 국화바람꽃(*A.*

altaica) 등이 있다. 에란티스속에는 변산바람꽃과 너도바람꽃(*Eranthis. stellata*)이 있고, 에네미온속은 나도바람꽃(*Enemion. raddianum*), 이소피룸 속으로는 만주바람꽃(*I. mandshuricum*)이 있다.

바람꽃(*A. narcissiflora* L.)은 앞에 형용사가 붙지 않아 바람꽃류의 대표식 물이라 생각하기 쉽지만 그렇지 않다. 대부분의 다른 바람꽃이 봄에 꽃이 피고 자생 군락을 자주 볼 수 있는 데 비해, 이 바람꽃은 여름철(7~8월)에 꽃이 피며 쉽게 볼 수 없어서 바람꽃의 대표라 말하기 어렵다. 북반구의 한대 고산 풀밭에서 자라는 여러해살이풀로, 우리나라에서는 설악산 대청 봉 일대가 그 분포의 남한계선이다. 꽃줄기나 잎이 여러 개 뭉쳐나며 키가 30센티미터 내외로 자란다. 몸 전체에 부드럽고 긴 털이 나 있으며, 잎은 손바닥 모양으로 3~5회 반복해서 갈라진다.

변산바람꽃

꿩의바람꽃(*A. raddeana*)은 비교적 군락지가 많은 바람꽃으로, 중부 이북의 숲속에 자라며 4~5월에 꽃이 핀다. 꽃은 대개 분홍색이 돌다가 흰색으로 변한다. 꽃잎처럼 보이는 꽃받침이 8~16장으로 홀아비바람꽃에 비해 훨씬 많다.

회리바람꽃(*A. reflexa*)은 바람꽃류 중 가장 작은 꽃을 피운다. 5월에 꽃이 피는데 작은 꽃받침 다섯 장이 나서 뒤로 완전히 젖혀지므로 없는 것같이 보인다. 수술이 노란색이고 가운데 암술은 녹색이어서, '구슬 같은 노란 꽃'이라고 표현하기도 한다.

쌍둥이바람꽃(*A. rossii*)은 홀아비바람꽃과 비슷하나, 홀아비바람꽃은 한 포기에 꽃이 한 대씩 올라오는데 쌍둥이바람꽃은 꽃대가 두 개씩 올라와 꽃이 각각 한 송이씩 위를 향해 핀다(5~6월).

변산바람꽃(*Eranthis. pinnatifida*)은 봄에 가장 먼저 피는 바람꽃으로, 아네모네속이 아니다. 1990년대에 처음으로 전라북도 변산 지역에서 발견되었으며, 한라산·지리산과 변산반도를 비롯한 서해안 해변을 따라 분포한다고 보고되었다. 꽃잎같이 보이는 꽃받침이 5~7장 있고, 수술처럼 보이는 꽃잎은 노란빛이 도는 녹색으로, 전체가 매화꽃 비슷한 형태이며 옆을 향해 핀다. 꽃이 진 후 열매가 익어 벌어지면 또 다른 꽃 같아 보인다. 이런 매력이 알려지면서 남획되어 일본의 야생화시장에서까지 팔리고 있어 군락지를 잃어가고 있는 형편이다. 더욱이 변산바람꽃은 뿌리가 작은 구근으로 되어 있어 포기나누기가 쉽지 않고 종자번식도 잘 되지 않기 때문에, 대량 번식을 위한 전문가들의 노력이 요구된다.

너도바람꽃(*Eranthis stellata*)은 바람꽃이란 이름을 가졌으나 변산바람꽃과 같이 아네모네속의 꽃이 아니다. 강원도 이북 반음지에서 자라는 여러해살이풀이다. 포엽 사이에서 나온 꽃대에 1개의 흰색 꽃이 핀다. 꽃잎처럼 보이는 5~8장의 꽃받침잎(花被)이 다른 바람꽃에 비하여 약간 갸쭉하다. 꽃이 지고 열매가 익은 후에는 또 다른 꽃이 핀 것 같이 보인다.

여름에 피는
야생화

3

강아지풀 · 곰취 · 금꿩의다리 · 기린초 · 까치수염 · 꼬리풀 · 꽃창포 · 꽈리 · 꿀풀 · 꿩의비름 · 노루오줌 · 대엽풍란 · 더덕 · 도라지 · 동자꽃 · 두메부추 · 두메양귀비 · 마타리 · 만병초 · 맥문동 · 무릇 · 문주란 · 물레나물 · 물봉선 · 바위취 · 벌개미취 · 범부채 · 봉선화 · 부들 · 부처꽃 · 비비추 · 뻐꾹나리 · 산수국 · 상사화 · 소엽풍란 · 수련 · 어리연꽃 · 엉겅퀴 · 연꽃 · 용머리 · 원추리 · 으아리 · 이질풀 · 잔대 · 절굿대 · 쪽 · 참나리 · 창포 · 체꽃 · 초롱꽃 · 타래난초 · 패랭이꽃 · 하늘타리 · 해당화 · 해오라비난초

여름꽃

_ 유승도

그리움이 쌓여 피어나는 것이 봄꽃이라면,

여름꽃은 아이들을 바라보는 장년의 여인으로 다가온다.

맨가지의 애처로움 끝에 피어 숲의 푸르름을 불러내는 것이 봄꽃이라면,

여름꽃은 나뭇잎 사이에서 드러나지 않게 웃는다.

울긋불긋 커다란 소리로 거친 산야를 수놓는 것이 봄꽃이라면,

여름꽃은 작은 몸짓으로 소리없이 피고 또 진다.

강아지풀

S M Lee '09

과명	벼과(Poaceae)	학명	*Setaria viridis* (L.) Beauv.
다른 이름	개꼬리풀	개화기	7~8월

흔하지만 정겨운 잡초 강아지풀

길가나 공터 어디서나 쉽게 볼 수 있던 한해살이풀인데, 요즈음은 왠지 전처럼 쉽게 볼 수가 없다. 줄기 끝에 붙은 꽃이삭이 강아지 꼬리 같다고 해서 '강아지풀' 또는 '개꼬리풀'이라고 부른다. 예전에는 어린아이들의 정겨운 놀잇감으로, 꽃이삭을 따 친구들끼리 얼굴과 목덜미를 간지럼 태우며 놀던 풀이다. 잡초로 취급되어 굳이 꽃이라고 키우는 사람은 없지만, 오랫동안 우리 곁에 늘 있어준 꽃이다.

줄기는 가늘고 곧게 서며 키가 40~70센티미터 정도로 자란다. 잎은 어긋나고(호생) 앞면은 깔끄러운 느낌이다. 얇은 막으로 싸인 꽃과 열매는 모두 푸른색, 자주색, 또는 금색의 털로 싸여 있다.

● **꽃 피는 시기 _** 이삭 모양 꽃차례를 가진 꽃이 7~8월에 핀다.

● **이용 _** 예전에 흉년이 들면 씨를 따다가 죽을 쑤어 허기를 달랬으며, 9월에 뿌리를 캐서 촌충 구제에 썼다고 한다. 요즈음 세계적으로 새로운 추세가, 벼과나 사초과 식물 중 특징이 있는 식물을 골라 외떡잎식물 정원을 꾸미는 것이라고 한다. 같은 벼과에 속하는 수크령은 강아지풀과 매우 비슷하지만, 이삭이 더 크고 열매에 붙은 붉은색 털이 매력적이라 조경 소재로 사랑을 받고 있다. 강아지풀 중에서도 붉은 털이 있는 강아지풀이나 키가 작고 꽃이삭이 더 아름다운 갯강아지풀 등은 새로운 조경 소재로 개발해볼 만하다.

● **재배 및 관리 _** 잡초로 취급되는 만큼 키우는 데 어려움이 없다. 오히

려 왕성한 번식력이 이웃을 괴롭힐 염려가 있다. 토양을 가리지 않으나 햇빛이 좋고 배수가 잘 되는 곳에서 잘 자란다.

● **유사종** _ 세계적으로 100여 종이 자라고 있지만, 우리나라에는 가을에 꽃이 피면서 꽃이삭 밑이 아래로 처지는 가을강아지풀(*S. faberi*), 꼬리 모양 꽃의 털이 황금색인 금강아지풀(*S. glauca*), 중부 이남의 바닷가 양지 바른 풀밭에 자라는 갯강아지풀(*S. viridis* var. *pachystachys*) 등이 자생한다.

S M Lee

강아지풀과 같은 벼과지만 이삭이 더 크고 붉은색 털이 매력적이어서 조경 소재로 사랑받고 있는 수크령.

곰취

Nayeon Kim 2011

과명	국화과(Compositae)	학명	*Ligularia fischeri* (Ledeb.) Turcz.
다른 이름	(약)호로칠	개화기	7~8월

나물거리로 많이 찾지만 꽃이 아름다운 곰취

전국의 깊은 산 습한 곳에서 키 1~2미터로 곧게 자라는 여러해살이풀이다. 뿌리에서 돋은 잎은 콩팥 모양으로, 길이가 30~40센티미터에 이를 만큼 크고, 가장자리에 톱니가 있어 거칠다. 잎자루도 60센티미터 정도로 길다.

줄기잎은 보통 세 장 정도 나고, 줄기의 윗부분에 노란색 머리 모양의 꽃이 달리는 전형적인 국화과 식물이다. 국화과 식물은 두 종류의 꽃을 갖는데, 가장자리의 꽃잎 같아 보이는 것은 혀 모양의 꽃인 설상화(舌狀花)이고, 가운데 화심으로 보이는 부분은 작은 통꽃(통상화)이다. 곰취의 속명(*Ligularia*)은 혀(舌)를 뜻하는 라틴어(*ligula*)에서 유래되었다.

국화과 꽃의 구조

● **꽃 피는 시기** _ 7~8월에 지름이 4~5센티미터인 노란 머리 모양 꽃(頭狀花)이 핀다.

● **이용** _ 화단에 심어 꽃을 감상하기도 하지만 주로 식용이다. 어린잎을

날것으로 먹기도 하고, 조금 큰 것은 삶아서 나물로 먹는다. 국화과 식물 중 뒤에 '취'라는 이름이 붙은 것은 거의 먹을 수 있다. 미역취, 참취, 개미취, 각시취 등. 그중 곰취는 참취 못지않게 식용으로 사랑을 받는다. 뿌리와 땅속줄기는 '호로칠(葫蘆七)'이라 하여 기혈을 돌게 하고 기침과 통증을 멈추며, 타박상 및 요통에 효과가 있다고 한다.

● **재배 및 관리**_ 비옥한 사질양토에서 잘 자란다. 내한성과 내음성이 강하므로 그늘에서도 잘 견디지만, 아침 햇살이 잘 드는 그늘에 심는 것이 좋다. 더위와 건조에 약하므로 바람이 잘 통하는 곳에 심고, 생육기에는 물이 마르지 않게 한다. 나물용으로 밭에서 키울 때는 그늘을 만들고 물을 충분히 주어야 한다.

번식은 씨뿌리기와 포기나누기로 한다. 가을에 씨앗을 받아서 바로 파종해 반그늘에 두고 물을 충분히 주어 마르지 않도록 주의한다. 다음 해 봄까지 종자를 보관하면 종자가 마르면서 발아율이 떨어진다. 포기가 제대로 자라면 가을에 여러 촉으로 늘어나므로 포기를 나누거나 이듬해 이른 봄에 포기나누기를 한다.

금꿩의다리

Tong chien li 2011

과명 미나리아재비과(Ranunculaceae) 학명 *Thalictrum rochebrunianum* Fr. et Sav. 개화기 7~8월

노란 수술이 금술 같아 얻은 이름 금꿩의다리

우리나라 고유의 특산식물로, 제주도를 제외한 전국 산지의 풀밭에서 자생하는 내한성·내습성·내음성이 강한 여러해살이풀이다. 마디가 꿩의다리를 닮았다고 해서 '꿩의다리'라고 한다. 꿩의다리 중 가장 흔히 접할 수 있는 것이 금꿩의다리인데, 꽃잎은 퇴화하고 진한 노란색 수술이 대량으로 한데 모여 있는 모습이 금술 같아 보인다 하여 붙여진 이름이다.

키가 커서 보통은 120센티미터 이상 자라는데, 240센티미터까지 크는 것도 있다. 줄기는 곧게 자라며 줄기에서 잎자루가 서너 개씩 깃 모양으로 갈라져 나온다. 각각의 잎자루에 둔한 톱니가 있는 작은 잎이 세 장씩 달려 잎이 많지만, 잎이 크지 않고 잎자루가 길기 때문에 전체적으로 잎이 많다고 느껴지지 않는다. 잎자루가 세 개씩 갈라지고 잎이 각각 세 장씩 달려 모두 아홉 개의 잎이 달린 것이 삼지구엽초와 혼동하기 쉽지만, 잎의 생김새가 다르다. 삼지구엽초는 약초지만 꿩의다리는 독성이 있는 일종의 독초다.

● **꽃 피는 시기_** 7~8월에 꽃이 피고, 꽃받침과 꽃잎이 잘 구분되지 않아 모두 꽃잎 같아 보인다(화피). 화피는 연보라색이며 수술대와 꽃밥은 노란색이다.

● **이용_** 식용, 약용, 조경 및 분재 소재로 두루 이용한다. 연하게 올라온 새싹을 삶아 나물로 먹는다. 쓴맛이 강하고 독성분도 있으므로 삶은 다음 충분히 우려내 먹어야 한다. 약간 쌉싸래하면서 담백한 맛이 봄에 입맛을 돋운다. 약효가 있는 성분도 있다 하여 예전에는 지방에서 나물로 많이

애용했지만, 독성이 있는 것이 알려진 다음에는 나물로 먹는 인구가 줄어들었다.

꿩의다리는 열을 내리고 폐혈이나 기침, 인후염, 황달, 이질 등에 효과가 있다고 하지만 몸이 냉한 사람에게는 오히려 역효과가 나는 것으로 알려져 있다. 하늘거리는 잎과 꽃이 매력적이라 꽃꽂이나 조경 등의 원예 소재로 많이 쓰인다.

● **재배 및 관리_** 양지나 반음지에서 잘 자라지만, 여름에 내서성이 약하므로 서늘한 곳에 심어야 한다. 배수가 잘 되고 약간 습한 곳에서 잘 자란다. 화분이나 정원에 여러 포기 모아심으면 보기에 좋다.

분갈이는 봄이나 가을에 하고, 부엽이 많이 든 용토를 이용한다. 고온다습하면 부패병에 걸리기 쉽다. 습기를 좋아하는 편이지만 산꿩의다리와 좀꿩의다리는 다른 꿩의다리에 비해 건조에 잘 견디는 편이다. 완숙퇴비나 부엽토 등을 첨가해 토양의 통기성과 보습성을 높이는 것은 바람직하나, 양분이 너무 많이 공급되면 웃자랄 염려가 있다. 꿩의다리는 원래 줄기가 가는 데 비해 키가 크기 때문에, 물이 잘 공급되고 비옥한 땅에서는 지나치게 크게 자라 쓰러질 염려가 있다. 연잎꿩의다리를 화분에 심을 때도 이 점을 주의해야 한다.

좀꿩의다리나 연잎꿩의다리처럼 키가 작은 꿩의다리를 제외하고는 포기나누기로 증식하기가 쉽지 않아 주로 씨뿌리기로 번식시킨다. 씨앗을 받아 습기가 있는 곳에 바로 뿌린다. 봄에 뿌리를 잘라 삽목상자에서 싹을 틔워 심기도 한다.

● **유사종_** 수식어 없이 그냥 '꿩의다리'라고 불리는 것은 아퀼레지플로

룸(*T. aquilegiflorum*)인데 줄기 높이가 50~120센티미터이고, 털 없이 가늘고 긴 줄기는 분백색을 띤다. 우리나라에서는 10여 종의 꿩의다리류가 자생하는데, 앞에 수식어를 넣어 구별한다. 줄기 끝에 자잘한 황백색 꽃이 피며 키가 작은 좀꿩의다리(*T. minus* var. *hypoleucum*), 산지의 숲속 그늘진 곳에 자라는 산꿩의다리(*T. filamentosum* var. *tenerum*)는 꿩의다리보다 키가 작다.

꿩의다리류는 잎의 모양과 꽃색이 조금씩 다른데, 연잎꿩의다리(*T. coreanum*)는 그 독특함 때문에 원예 소재로 각광을 받고 있다. 잎은 연꽃잎같이 둥글고, 잎자루가 잎의 중간에 달려 있어 방패 모양을 하고 있다. 키는 60센티미터 내외인데, 잎자루가 20~30센티미터라 아담하면서도 풍성한 느낌을 준다. 3센티미터 정도로 작은 방패 모양의 가장 자리에는 굵은 물결 모양 톱니가 있다. 연보라색 꽃이 피는데, 실은 꽃으로 보이는 부분이 꽃잎이 아니라 꽃받침 4~5개로 구성된 작은 꽃으로 원뿔 모양의 꽃차례를 이루며 핀다.

연잎꿩의다리

기린초

09.7. Jakyung. S.

과명	돌나물과(Crassulaceae)	학명	*Sedum kamtschaticum* Fisch.
다른 이름	비채	개화기	6~7월

잎사귀가 두툼한 다육식물 기린초

전국의 산과 들, 풀밭에서 볼 수 있는데, 특히 산지의 양지바른 바위틈에서 자라는 여러해살이풀이다. 속명(*Sedum*)은 '앉는다' 또는 '자리'라는 뜻의 라틴어(*sedes*)에서 유래했는데, 이 속의 식물들이 주로 바위에 착생하여 자라기 때문이다. 키가 20센티미터 정도까지 자라는데, 여러 개의 줄기가 모여 포기를 구성하고 또 이들이 모여 작은 무리를 이룬다. 잎은 어긋나며(호생) 주걱 모양이고, 잎살이 두툼한 다육질이며, 양면에 털이 없고 가장자리에 둔한 톱니가 있다.

● **꽃 피는 시기**_ 6~7월에 노란 꽃이 핀다. 끝이 뾰족한 다섯 장의 꽃잎으로 된 작은 꽃들이 줄기 끝에 우산 모양으로 모여핀다.

● **이용**_ 관상가치가 높아 정원에 군락으로 심거나 화분에 소규모로 모아심는다. 또 바위틈에 끼워심으면 모양도 좋고 식물체에도 좋은 생육환경이라 잘 자란다. 민간에서는 화상을 입었을 때 기린초를 찧어 붙여 열기를 식히고, 맹독류에 물렸을 때도 사용한다. 한방에서는 비채(費菜)라 하여, 뿌리를 포함한 식물 전체를 지혈·이뇨·진정 용도로 처방한다.

● **재배 및 관리**_ 양지바르고 배수가 잘 되는 곳에서 키운다. 반그늘에서도 잘 자라지만 양지에서 자란 것이 더 튼튼하고 키가 너무 크지 않아 균형을 이룬다. 노지에서 잘 자라고 건조한 환경에서도 잘 견딘다(耐乾性). 씨뿌리기와 포기나누기뿐 아니라 꺾꽂이로도 잘 번식한다.

● **유사종 _** 특별히 구분하지는 않지만 기린초와 비슷한 종류가 여럿 있다. 기린초에 비해 잎이 좁고 가늘며 가장자리의 톱니가 더 거칠고 밑부분에서 줄기가 거의 갈라지지 않는 가는기린초(*S. aizoon*)가 있고, 울릉도와 독도에서만 자라는 섬기린초(*S. takesimense*)는 우리나라 고유종이다. 강원도 태백산을 비롯한 높은 산에서 자라는 태백기린초(*S. latiovalifolium*)는 넓은 타원형의 잎이 줄기 끝에 다닥다닥 붙는 것(로제트형)이 특징이다.

까치수염

Song Sung Joo

과명	앵초과(Primulaceae)	학명	*Lysimachia barystachys* Bunge
다른 이름	까치수영, 꽃꼬리풀	개화기	6~8월

꽃꼬리풀이라고도 부르는 까치수염

전국 각처의 물가나 습한 풀밭에 자라는 여러해살이풀로, '까치수영' 또는 '꽃꼬리풀'이라고도 부른다. '까치수염'은 '까치수영'이 잘못 표기된 것이라는 설도 있다. 까치는 수염이 없기 때문에 까치수영이 옳다는 것이다. 그러나 수영은 마디풀과 소라쟁이속(*Rumex*)인 반면 까치수염은 앵초과 까치수염속(*Lysimachia*)이기 때문에, 이삭의 모양을 수염에, 전체 모양을 까치에 비유한 것이라는 해석이 설득력을 얻고 있다.[*]

줄기는 곧게 서고, 키가 60~100센티미터로 자란다. 식물체에 갈색 잔털이 있고, 잎은 어긋나며(호생) 피침 모양이고 가장자리가 밋밋하다. 줄기 끝에 흰 꽃이 핀다.

● **꽃 피는 시기**＿ 6~8월에 줄기 끝에 작은 흰 꽃들이 술 모양의 꽃차례를 이루며 길게 피어올라와 강아지 꼬리처럼 한쪽으로 휘어 늘어진다.

● **이용**＿ 어린잎은 식용으로 쓰고, 독특한 꽃 모양을 보기 위해 정원에 많이 심는다. 특히 그늘 때문에 고민하는 정원에 적격이다.

● **재배 및 관리**＿ 반그늘의 습한 곳에서 잘 자란다. 습기만 충분히 공급되면 양지에서도 견딘다. 습기가 많고 비옥한 땅에 심으면 땅속줄기가 마구 자라서 이웃 식물을 물리친다(invasive plant). 번식은 봄·가을에 포기나누기로 하는데, 씨뿌리기로도 쉽게 번식시킬 수 있다.

---

[*] 허복구·박석근, 《재미있는 우리꽃 이름의 유래를 찾아서》, p. 42, 중앙생활사, 1999.

꼬리풀

Kim Sun-mi
2010

과명	현삼과(Scrophulariaceae)	학명	*Pseudolysimachion linarifolium* Pall.= *Veronica linarifolium* Pall.
다른 이름	(약)지향, 낭미화	개화기	7~8월

여러 송이 꽃이 동물의 꼬리처럼 모여피는 꼬리풀

전국의 산이나 들에서 자라는 키 큰 여러해살이풀이다. 뿌리줄기로부터 5~6개의 줄기가 자라나 50~100센티미터까지 자란다. 줄기는 곧게 올라오고 잎은 마주나거나(대생) 어긋난다(호생). 길이가 4~8센티미터, 너비는 0.5~0.8센티미터로 가늘고 긴 잎이 잎자루 없이 나오는데, 가장자리에는 톱니가 있다. 작은 꽃이 모여 한 덩어리의 큰 꽃으로 보인다. 나비와 벌이 잘 모여들고 종자가 잘 맺히는 식물이다. 습기를 좋아하며, 주로 보라색 꽃이 피지만 드물게 흰꼬리풀도 볼 수 있다.

● **꽃 피는 시기** _ 꽃은 7~8월에 피고, 열매는 9~10월에 익는다. 보라색 작은 꽃이 총상화서로 줄기 끝에 촘촘히 피어오른다. 꽃받침은 네 갈래, 꽃부리도 네 갈래인 잔 모양의 꽃이 핀다.

● **이용** _ 관상용으로 주로 쓰인다. 생약으로는 지향(枝香), 낭미화(狼尾花)라고 부르며 꽃을 포함한 모든 부위를 약재로 쓴다. 진통, 진해, 거담, 이뇨 효과가 있는 것으로 알려졌다.

● **재배 및 관리** _ 키가 크게 자라는 식물이어서 화분에 심어서는 꼬리풀의 분위기를 충분히 내기 어려울 것 같지만, 분재 가꾸듯이 하면 식물의 키가 작아진다. 납작하고 넓은 화분에 여러 포기를 모아심으면 된다. 산모래에 20~30퍼센트의 부엽을 섞은 흙에 심는데, 모래의 입자가 굵으면 물빠짐이 좋아진다.

정원에 심을 때는 양지바르고 통풍이 잘 되는 곳에 심으면 키가 작아지면서 탄탄하게 자란다. 반대로 그늘진 곳이나 다른 식물 사이에 끼워 키우면 키가 커진다. 씨뿌리기나 포기나누기로 증식한다.

● **유사종** _ 이름에 꼬리풀이라는 말이 붙은 식물이 많다. 넓은잎꼬리풀, 봉래꼬리풀, 큰산꼬리풀, 털넓은꼬리풀, 긴산꼬리풀, 큰꼬리풀, 흰꼬리풀, 털꼬리풀, 섬꼬리풀, 넓은산꼬리풀, 산꼬리풀 등이 모두 꼬리풀속(*Pseudolysimachion*) 식물로 서식지나 식물의 모양에 따라 수식어를 붙여 명명했다. 어떤 사전에는 꼬리풀이 베로니카속(*Veronica*)으로 명기되기도 했다.

꽃창포

Iris ensata var.

J.kyoung . S . 2011. 3

과명 붓꽃과(Iridaceae) 학명 *Iris ensata* Nakai 개화기 6~8월

꽃이 아름다운 창포, 꽃창포

전국 산야의 습기 있는 곳에 자생하는 여러해살이풀이다. 꽃창포는 창포와 마찬가지로 물가에 살고, 또 중간맥이 뚜렷한 평행맥이 있는 가늘고 긴 멋진 잎을 가졌기 때문에 창포로 생각하기 쉽다. 단지 창포에 비해 아름다운 꽃을 피우기 때문에 '꽃창포'라고 불렸다고 한다. 그러나 식물학적으로 창포는 육수화서를 갖는 천남성과인 반면, 꽃창포는 붓꽃과에 속하는 전혀 다른 종류의 식물이다.

꽃이 크고 아름다워 원예종이라 생각하기 쉬운 붓꽃류지만 우리나라 물가에서 쉽게 볼 수 있는 자생식물이다. 꽃창포는 프랑스의 국화로 알려졌다. 국가에서 정식으로 국화로 정하지는 않았으나, 전해내려오는 이야기로는 왕이 꿈에 천사가 준 꽃창포를 문장으로 방패에 새긴 후 승전을 거듭했다고 한다. 그래서 국화로 정했다는 이야기도 있고, 잎의 생김새가 칼과 같아 용맹을 상징하기 때문이라고도 한다.

꽃창포의 속명 아이리스(*Iris*)는 그리스 신화에 나오는 무지개의 화신이자 신들의 사자로서 무지개를 타고 하늘과 인간세계를 잇는 전령사 아이리스에서 유래했다. 아이리스는 특히 소녀나 여인들을 후세로 인도하는 역할을 하는 것으로 알려져, 요즈음에도 그리스에서는 여성들의 무덤에 아이리스를 놓는다고 한다. 중세에 그려진 성모 마리아의 초상화에는 백합과 더불어 아이리스가 순결한 꽃으로 함께 장식되기도 했다.

또 다른 서양의 전설에 의하면, 한 화가가 이탈리아 피렌체 왕자의 아름다운 미망인 아이리스에게 반해 구혼을 했다고 한다. 그녀는 화가에게 나비가 날아들 정도로 생동감 있는 꽃을 그려주면 결혼하겠다고 말했다. 화가가 심혈을 기울여 그린 꽃그림에는 정말로 나비가 날아들었다고 하는

데, 그 꽃이 바로 아이리스였다.

꽃창포의 잎은 뿌리에서 바로 나오는데 길이는 20~60센티미터, 너비는 1.2센티미터이며 중간맥이 뚜렷하다. 꽃은 다른 붓꽃류와 같은 구조지만 꽃잎이 보다 진한 보라색이다. 우리 선조들은 꽃창포가 특히 청초하고 기품이 있다 하여 연못가에 심어 물에 비치는 꽃을 감상하기도 했다.

● **꽃 피는 시기**_ 6월에 피기 시작해 한여름에 절정을 이룬다. 원줄기 또는 가지 끝에 붉은 보라색 꽃이 핀다. 꽃잎의 안쪽에 노란 무늬가 있다.

● **이용**_ 정원의 원예 소재로 쓰인다. 특히 연못가의 습지에 심는다.

● **재배 및 관리**_ 부식질이 풍부한 흙에서 잘 자라지만 비교적 토질을 가리지 않는다. 물가나 습한 곳에 심는 것이 좋으나, 물만 잘 주면 어디서든

물가에 심겨진 꽃창포를 비롯한 붓꽃류 식물은 시원함을 더해준다.

잘 자란다. 양지바른 곳을 좋아하지만 반그늘에서도 잘 견딘다. 포기나누기나 씨뿌리기로 번식한다. 꽃이 진 후에 바로 포기나누기를 하면서 잎을 3분의 1 정도로 잘라준다. 씨를 받은 후 재배할 곳에 뿌려두거나, 촉촉한 모래나 마사토와 혼합해 땅에 묻어두었다가 이듬해 봄에 뿌리면 더 좋다.

꽈리

KIM HYUN JAE

과명	가지과(Solanaceae)	학명	*Physalis alkekengi* var. *franchetii* Hort.
다른 이름	(영)Chinese Lantern	개화기	6~7월

어른들의 향수를 불러일으키는 꽈리

우리나라 각처에서 주로 인가 근처에 자라는 여러해살이풀이다. 요즈음은 흔하지 않지만 예전에는 어느 집에나 꽈리가 자라고 있었다. 장난감이 많지 않던 시절, 열매가 익으면 아이들은 저마다 꽈리를 불면서 놀았다.

털이 없고 키는 40~90센티미터로 자라며, 잎은 마주나는데(대생) 한 곳에서 두 장씩 나오고 그 사이로 꽃이 핀다. 3~4센티미터의 꽃대에 연한 황백색 꽃이 한 송이씩 붙고, 꽃잎이 다섯 갈래로 갈라지며 꽃받침도 끝이 다섯 갈래로 갈라진 통 모양이다. 꽃이 핀 후 꽃받침은 자라서 주머니 모양이 되어 열매를 완전히 감싼다. 속의 열매가 익어가면서 밖의 꽃받침도 같이 붉어지는 모습이 아름답다.

● **꽃 피는 시기 _** 6~7월에 작은 황백색 꽃이 피지만 꽃의 모양은 그리 아름답지 않다. 오히려 꽃받침이 관상가치가 높다. 9월에 꽃받침 주머니 안에서 지름 1.5센티미터 정도의 열매가 완전히 익는다.

● **이용 _** 주로 관상용이다. 뿌리와 열매는 약용 또는 식용으로 쓴다. 한 방에서는 식물 전체를 말린 것을 산장(酸漿)이라 하여, 기생충·열해·임질·통경·안질·임파선염·간염·간경화·자궁염 등에 처방한다. 이뇨·진통·해독 효능이 있는 것으로 알려졌다. 유독성 식물로 분류되지만 익은 열매는 먹을 수 있는데, 독일에서는 후식접시에 꽈리를 올리기도 한다.

● **재배 및 관리 _** 햇빛이 잘 들고 척박하고 건조한 땅에 심는다. 습하고 비옥한 곳에 심으면 잎만 무성하고 꽈리가 덜 달린다. 천근성인 뿌리가 옆

으로 왕성히 뻗어 이웃 식물의 땅을 차지한다. 정원을 온통 꽈리밭으로 만들지 않으려면 나무, 플라스틱판, 벽돌 등으로 15센티미터 이상 벽을 쌓아 뿌리뻗음을 방지해야 한다.

번식은 봄이나 가을에 뿌리줄기를 두세 마디로 잘라 심어주면 된다. 뿌리줄기가 아주 잘 자라므로 번식이 문제가 되지는 않지만, 씨뿌리기를 원하는 경우에는 9월에 잘 익은 열매를 따서 터뜨려 뽑아낸 씨를 바로 심거나 말렸다가 다음 해 봄에 심으면 된다.

꿀풀

과명	꿀풀과(Labiatae)	학명	*Prunella vulgaris* var. *lilacina* Nakai		
다른 이름	꿀방망이, 가지고나물, 가지래기꽃, (약)하고초			개화기	5~7월

이름처럼 향기롭고 달콤한 꿀풀

전국 각지에 분포하는 여러해살이풀로, 햇빛이 잘 드는 산기슭이나 풀밭에서 자란다. 꽃잎을 뽑아 맛을 보면 달기 때문에 '꿀풀'이라는 이름이 붙었다. 여름이면 말라 죽는다 하여 '하고초(夏枯草)'라고도 한다.

줄기가 네모나며 20~40센티미터로 나지막하게 자라고, 여러 대가 모여서 나는데 위로 향한 잔털이 밀생한다. 잎은 마주나고(대생) 타원형이며, 가장자리가 밋밋하거나 약한 톱니가 있다. 원기둥 모양의 꽃대에 입술 모양의 보라색에서 자주색 꽃이 여러 송이 달린다. 흰 꽃이 피는 것은 흰꿀풀이라고 한다. 꽃말은 '추억'이다.

● **꽃 피는 시기** _ 5~7월에 보라색 꽃이 줄기 끝에 다다다닥 돌려핀다.

● **이용** _ 생약명으로는 하고초 또는 동풍(東風)으로, 열을 내리고 간을 맑게 해주며 이뇨·소염·소종 등의 효과가 있다. 우리나라뿐 아니라 서양에서도 꿀풀은 약초로 알려졌는데, 속명(*Prunella*)도 '편도선염'을 뜻하는 독일어(Brunella)에서 유래되었다고 한다.*

● **재배 및 관리** _ 배수가 잘 되는 양지에 심는다. 꽃이 핀 후에는 지상부가 말라 죽지만 영양관리를 잘하면 가을에 다시 한 번 꽃이 핀다. 번식은 주로 씨뿌리기로 한다. 봄에 새순이 날 때 포기나누기를 할 수도 있다.

---

* 이정식·윤평섭, 《자생식물학》, p. 295, 서일, 1996.

꿩의비름

과명 돌나물과(Crassulaceae) 학명 *Sedum erythrostictum* Miq. 개화기 8~9월

잎이 도독한 돌나물과 식물 꿩의비름

산속 양지바른 풀밭에서 자라는 여러해살이풀이다. 둥글고 분백색이 도는 원줄기가 곧추자라 30~90센티미터의 높이에 이른다. 잎은 달걀처럼 생긴 타원형이며, 마주나기도(대생) 하고 어긋나기도(호생) 한다. 육질의 잎 가장자리에 뚜렷하지 않은 톱니가 있으며, 끝이 뭉뚝하고 밑부분이 좁아져 잎자루에 연결되었으며, 털이 없고 윗부분이 약간 오목해진다. 잎이 두텁고 수분 함량이 많은 것은, 고산식물인 꿩의비름이 양지바르고 건조한 지역에서 살아남기 위한 전략이다.

● **꽃 피는 시기 _** 여름 늦게(8~9월) 흰 바탕에 붉은빛이 도는 꽃이 원줄기 끝에 우산 모양으로 둥글게 모여핀다. 꽃받침, 꽃잎, 수술 모두 다섯 개이며 꽃밥은 자주색이 돈다. 암술도 다섯 개로 붉은색이 돈다.

● **이용 _** 꽃뿐 아니라 잎도 보기가 좋아 관상용으로 많이 재배한다. 특히 건조한 곳에서도 잘 자라기 때문에 도시생활에 바쁜 사람들도 쉽게 키울 수 있다. 한방에서는 식물 전체를 피부병, 화농, 단독(丹毒) 및 지혈에 처방한다. 일본에서는 잎을 부스럼약으로 쓰기도 한다.

● **재배 및 관리 _** 배수가 잘 되는 사질양토에 심는다. 화분에 심을 때는 부엽토를 20퍼센트 정도 넣은 마사토를 이용한다. 노지에서 월동이 가능한데, 되도록 양지에 심는 게 좋다. 바위틈에서도 잘 자라므로 양지바른 돌축대 틈에 심으면 아래로 늘어지면서 보기 좋은 경관을 연출한다. 습한 것보다 건조에 더 잘 견디므로 과습하지 않도록 주의한다. 습하면 썩음병

이 생기기 쉽다.

씨뿌리기, 꺾꽂이, 포기나누기로 번식시킬 수 있다. 가을에 받은 씨앗을 늦가을에 바로 뿌리면 다음 해 봄에 싹이 튼다. 잎꽂이나 줄기꽂이도 쉽게 할 수 있으며, 겨울과 한여름의 폭서기 또는 장마철을 제외하고는 어느 때나 꺾꽂이를 할 수 있다.

● **유사종 _** 큰꿩의비름(*S. spectabile*)은 꿩의비름보다 크며 수술이 꽃잎보다 길게 나는 것이 특징이다. 경북 주왕산 부근에서 자라는 둥근잎꿩의비름(*S. ussuriense*)은 잎이 통통하고 둥그스름한 달걀 모양이며 잎자루 없이 마주난다(대생).

노루오줌

| 과명 | 범의귀과(Saxifragaceae) | 학명 | *Astilbe chinensis* var. *davidii* Franch | 개화기 | 7~8월 |

뿌리에서 나는 냄새 때문에 붙은 이름 노루오줌

키가 40~70센티미터인 여러해살이풀로, 잎과 줄기에 긴 갈색 털이 나는 것이 특징이다. 뿌리에서 노루의 오줌과 같은 냄새가 난다고 해서 '노루오줌'이라는 이름이 붙었지만, 지상부에서는 그런 이상한 냄새를 느끼지 못한다.

한여름에 분홍색 작은 꽃이 줄기를 따라 피어 고깔 모양의 꽃차례를 이룬다. 꽃받침이 다섯 갈래로 갈라지고, 꽃잎은 다섯 장이다. 수술은 열 개이고 암술은 두 개인데, 꽃의 크기는 아주 작아 3~5밀리미터다. 곧게 뻗어 올라가는 줄기에 잎은 세 장씩 두세 번 갈라져 깃꼴겹잎을 이룬다.

울릉도와 제주도를 포함해 전국 각지의 산골짜기, 냇가, 습지의 반그늘에서 자란다. 비슷한 종류로는 흰노루오줌, 숙은노루오줌, 둥근노루오줌이 있다. 한국이 원산지인 숙은노루오줌(A. koreana Nakai)은 노루오줌보다 꽃차례가지가 옆으로 넓게 퍼진다.

● **꽃 피는 시기_** 7~8월에 분홍색 꽃이 원줄기 끝에 원추화서로 달린다.

● **이용_** 어린순과 부드러운 잎은 나물로 먹는다. 노루오줌은 예로부터 약용으로 많이 쓰였다. 약재로 유명한 승마(升麻)를 닮았다 하여 '소승마' 또는 '호마'라고도 한다. 특히 뿌리를 적승마라 하여 중요한 약재로 사용했다. 해열 및 진해 작용이 있는 것으로 알려져, 감기로 열이 나고 기침을 하며 두통과 함께 몸살 기운이 있을 때 여름에 채취해 말린 꽃, 잎, 줄기를 잘게 썬 약재를 처방한다. 노루오줌 뿌리(적승마)는 혈액순환을 좋게 해 혈을 돌게 하고 어혈을 제거하며, 열을 내리고 독을 풀어주는 등 다양한 약

효가 있는 것으로 알려졌다. 특히 관절과 근육이 쑤시거나 타박상으로 멍이 들었을 때 사용한다.

현재는 식용이나 약용보다 관상용으로 사랑을 받고 있다. 무리지어 핀 모습이 아름다워 화단 특히 반음지 정원에 애용되며 꽃꽂이용으로도 활용되고 있다. 분홍에서 흰색에 이르는 다양한 꽃색과 고깔 모양의 꽃차례가 매력적이어서, 외국에서는 100여 종의 원예종을 육성해 판매하고 있다.

● **재배 및 관리 _** 아침 햇살이 잘 드는 반음지에서 가장 잘 자란다. 직사광선은 좋지 않으며 건조한 곳에서는 제대로 자라지 못한다. 노지에 심을 때는 부엽과 퇴비 등을 충분히 넣어 유기질이 풍부하고 보습이 잘 되는 토양을 마련해 심는다. 가을에 파종한 상자에서 본잎이 두세 장 나와 이식할 크기로 자란 모종을 4월 중순쯤 야외로 옮겨심는다.

재배하는 데 그다지 어려운 점은 없다. 다만 건조에 취약하다는 것은 기억해두어야 한다. 비료는 특별히 주지 않아도 되지만, 포기 주위에 완숙퇴비를 충분히 뿌려주어 토양의 통기성과 보습성이 좋아지도록 돕는다.

번식은 2~3년 묵은 포기를 봄이나 가을에 나눠 늘려간다. 씨뿌리기로도 번식이 잘 되기 때문에 대량 생산이 가능하다. 10월경 종자를 채취해 바로 파종하면 이듬해 봄에 발아한다. 가을에 채종한 종자를 봄에 뿌리기도 한다. 언제 파종하든 파종 후 싹이 트기까지 흙을 말리지 말고 싹이 튼 후에도 물관리를 잘해야 한다는 점을 잊어서는 안 된다.

대엽풍란

과명	난초과(Orchidaceae)	학명	*Aerides japonicum* Reichb. fil.
다른 이름	나도풍란	개화기	6~8월

조직배양으로 멸종을 면한 대엽풍란

남부 지방 섬의 바위나 나무에 붙어 자라며 6~8월에 꽃이 피는 늘푸른 여러해살이풀이다. 속명(*Aerides*)은 '공기'를 뜻하는 그리스어(*aer*)의 변형으로, 공기중에 뿌리를 노출시키고 자라는 특성에서 비롯되었다. 흰색의 굵은 국숫발 같은 뿌리가 많이 나와서 공기중에 노출되어 길게 자란다. 진한 녹색에 광택이 있는 잎이 어긋나는데(호생), 소엽풍란(285~287쪽)보다 넓고 긴 타원형 잎 3~5매가 어긋나게 자라 올라온다. 꽃대 끝에 5~10송이의 꽃이 피는데, 입술꽃잎 안쪽에 붉은 반점이 있으며 진하고 달콤한 향기를 내뿜는다.

● **꽃 피는 시기_** 6~8월에 순백의 꽃이 피며 향기가 짙고 오래간다. 꽃이 지면 3~4센티미터의 열매가 맺히는데, 갈색으로 변하기 시작하면 채취해 무균발아시켜서 번식할 수 있다.

● **이용_** 대개 관상용으로 재배하는데, 식물체가 작고 강인하기 때문에 바위(석부작)나 나무(목부작)에 붙여 재배하기에 적합하다.

● **재배 및 관리_** 화훼단지에서 판매하는 포트묘를 저렴한 가격으로 구입해 기르기 시작한다. 배양토로는 수태, 바크, 난석 등을 이용한다. 물은 일반 난과 같이 화분 겉흙이 마르기 시작하면 주고, 뿌리가 공중에 노출되어 자라므로 공중습도를 높게 유지해준다.

더덕

08. Lee. Bok. Kyung

과명 초롱꽃과(Campanulaceae)   학명 *Codonopsis lanceolata* (Sieb. et Zucc.) Trautv.   개화기 7~8월

특유의 향기로 입맛을 돋우는 더덕

제주도를 비롯한 전국 각지 산의 숲속 그늘에서 자라는 덩굴성 여러해 살이풀이다. 농가에서 식용으로 많이 재배하고 있다. 식물 전체에서 고유의 향이 풍기는 식용식물이다. 뿌리는 굵게 비대해지며 긴 방추형이다. 줄기는 2미터 정도로 자라고 털이 없이 매끈하다. 잎이나 줄기를 자르면 약한 누런색 혹은 흰색의 액체가 나오고, 특유의 향취가 있는 잎과 뿌리는 맛이 쌉싸름하다. 종 모양의 꽃은 꽃부리의 지름이 약 3센티미터이며 겉은 황갈색, 안쪽에는 보랏빛을 띤 얼룩무늬가 있다. 끝이 다섯 갈래로 갈라져 뒤로 젖혀진다. 안쪽에 자갈색 무늬가 없는 종은 푸른더덕(*C. lanceolata* f. *emacula* Hara)이라고 한다.

● **꽃 피는 시기** _ 7~8월에 종 모양 꽃이 핀다.

● **이용** _ 굵게 자라는 뿌리가 식용으로 사랑을 받고 있다. 약용으로는 거담 및 건위제로 쓰인다. 새로 나온 순이나 꽃은 샐러드에 사용할 수 있고, 장식용으로도 유용하다. 뿌리는 가을 또는 봄에 캐 구이, 무침 등의 요리로 식탁을 풍성하게 한다. 특히 강장효과가 뛰어나 가정에서 더덕술을 담그기도 한다.

한방에서는 호흡곤란과 해소에 오미자, 세신 등과 배합해 처방한다. 젖이 나오지 않는 산모에게 목향, 당귀, 황기 등과 함께 제공하기도 한다.

● **재배 및 관리** _ 농가에서 뿌리를 생산하기 위해 대단위로 재배하기도 하지만, 일반 가정에서도 뜰 한쪽에 심으면 특유의 더덕향이 집 안에 가득

퍼진다. 전국 모든 지역에서 재배할 수 있으나, 서늘하고 통풍이 잘 되며 유기질은 많고 보수력이 좋으면서 배수도 잘 되는 땅에서 잘 자란다. 덩굴성 식물이기 때문에 타고 올라갈 수 있는 덕을 마련하거나, 큰 나무 밑에 심어 덩굴을 뻗을 수 있게 해주어야 한다. 뿌리를 채취할 목적이라면 봄·가을에 덧거름으로 완숙퇴비를 듬뿍 주면 좋다.

씨뿌리기로 번식한다. 가을에 씨앗을 제때 수확하지 못하면 열매가 터져 씨앗이 떨어져서 다음 해 봄에 새싹이 뭉텅이로 돋아나 난감해진다. 따라서 가을에 열매가 황록색이 될 때 따서 그늘에 말린다. 열매가 벌어지면 씨앗을 털어 모아두었다가 이듬해 봄에 뿌린다. 밭두둑을 10센티미터 이상으로 높이고 씨가 한데 뭉치지 않게 잘 흩어뿌린다.

● **유사종 _** 우리나라에 자생하는 더덕속은 3종이 있다. 푸른더덕 이외에 만삼이 이에 속한다. 만삼(*C. pilosula*)은 중부 이북의 깊은 산과 전라남도 지리산 천왕봉에 자생한다. 더덕과 같이 덩굴성 여러해살이풀이며 뿌리는 도라지 모양이고 식물 전체에 털이 있고 자르면 흰 유액이 나온다. 흰색의 꽃은 종모양으로 화관 끝이 5갈래로 갈라졌다. 7~8월에 꽃이 피고 10월에 결실한다. 뿌리를 먹거나 약용으로 사용한다.

도라지

Song Sung Joo

과명	초롱꽃과(Campanulaceae)	학명	*Platycodon grandiflorum* A. DC.
다른 이름	(영)Chinese Bellflower, Balloon Flower	개화기	7~8월

식용으로도 좋지만 예쁜 꽃이 더 사랑스러운 도라지

우리나라 사람이라면 대부분 알고 있는 이름이지만, 꽃과는 그다지 친숙하지 않은 사람이 많다. 한여름에 청보라 또는 하얀 꽃을 피우는 모습은 우리가 나물로 먹는 그 도라지라고는 믿기지 않을 정도로 청초하다. 식용이 아니라도 정원의 꽃으로 키워볼 만한 매력이 있다. 도라지의 꽃말은 '영원한 사랑'이다.

속명(*Platycodon*)은 '넓다(*platys*)와 '종(*codon*)'이라는 뜻이 합쳐진 이름이다. 그 이름처럼 도라지의 꽃은 다른 종 모양 꽃에 비해 넓게 벌어진다.

전국 각지의 볕이 잘 드는 풀밭에서 자라는 여러해살이풀로, 높이가 40~120센티미터로 자라고 뿌리가 굵으며 원줄기를 자르면 흰 즙이 나온다. 줄기에 잎이 달리는 모습이 독특하다. 줄기 아래쪽에서는 잎자루 없이 마주나거나(대생) 돌려난다(윤생). 대부분의 잎은 한 자리에 세 장 또는 네 장이 돌려나지만 위쪽으로 가면서 어긋나고(호생), 돌려난 밑으로는 마주난다. 잎은 긴 난형이고, 앞면은 녹색 뒷면은 회백색이며, 가장자리에 잔 톱니가 있다.

● **꽃 피는 시기_** 7~8월에 청보라 또는 흰색 꽃이 원줄기 끝에서 한 송이 내지 여러 송이 핀다. 꽃부리는 종 모양이며, 지름이 4~5센티미터 되는 통꽃의 끝이 다섯 갈래로 갈라진다. 수술은 다섯 개, 암술은 하나지만 암술머리가 다섯 개로 갈라졌다. 열매는 9~10월에 익는다.

● **이용_** 식용, 약용 및 관상용으로 두루 이용된다. 어린순과 뿌리를 먹는다. 도라지 뿌리는 단백질과 당분뿐 아니라 칼슘, 철분, 인 등 무기질이

풍부하고 비타민B의 함량도 높은 알칼리성 식품이다.

약용으로 쓰이는 뿌리는 '길경(桔梗)'이라 하여 담을 삭이고, 기침을 멈추며, 폐기를 잘 통하게 하고, 고름을 빼내는 것으로 알려졌다. 목이 쉬고 아플 때 도라지차가 좋으며, 5년 이상 된 뿌리는 감기와 천식에 탁월한 효험이 있다고 한다. 또 음기와 양기가 화합되어 어떤 체질의 사람이 먹어도 좋고 부작용이 없다고 한다. 인삼의 대표성분인 사포닌뿐 아니라 이눌린 등이 함유된 것으로 알려졌으며, 최근에는 항암효과가 있다는 보고가 있어 더욱 주목을 받고 있다.

● **재배 및 관리** _ 하루종일 햇빛이 잘 드는 곳에 심는다. 씨로 잘 번식하지만, 발아하기까지 15~30일이 걸린다. 빛을 좋아하는 호광성(好光性) 종자이므로 흙을 두껍게 덮어주면 발아가 잘 안 된다. 4월에 씨앗을 뿌리고 흙이 마르지 않게 물을 흠뻑 주면서 관리를 잘 해야 한다. 덮어준 흙이 마르면 싹이 잘 나오지 않거나 아주 안 나올 수도 있으므로 주의한다.

뿌리를 키울 목적이면 완숙퇴비 등 유기질 비료를 충분히 주어야 하지만, 꽃을 감상하고자 할 때는 좋은 흙에 심었다면 비료를 더 주지 않는게 좋다. 비료를 많이 주어 영양분 공급이 과해지면 키가 너무 커서 쓰러진다. 줄기가 너무 자라는 것 같을 때는 꽃이 피기 전에 한번 잘라주면 쓰러지지 않고 꽃도 많이 핀다.

동자꽃

| 과명 | 석죽과(Caryophyllaceae) | 학명 | *Lychnis cognata* Max. | 개화기 | 7~8월 |

동자승의 얼굴을 닮은 동자꽃

제주도와 울릉도를 제외한 전국 산지의 숲에서 자라는 석죽과의 여러해살이풀이다. 꽃이 예뻐 일반 가정의 정원에도 많이 소개되었다.

동자꽃에는 큰스님과 동자승의 애절한 사연이 담긴 이야기가 전해온다. 겨울에 시주를 받기 위해 산사를 내려간 큰스님이 그사이 내린 큰 눈으로 돌아오지 못하자, 언덕에 앉아 스님을 애타게 기다리던 동자승이 그만 굶어죽고 말았다. 큰스님이 돌아와 동자승을 발견하고는 그 자리에 묻어주니, 동자승을 닮은 동그랗고 발그레한 꽃이 피었다고 한다. 그래서 '동자꽃'이라는 이름이 붙었다는 것이다.

40~90센티미터로 곧게 자라며 마디가 뚜렷하고 털이 있다. 잎은 긴 타원형이고 잎자루 없이 마주나며(대생), 양면에 털이 있다. 줄기의 끝과 잎겨드랑이에 지름 4센티미터 정도의 주황색 꽃이 위를 향해 한 송이씩 핀다.

● **꽃 피는 시기**_ 7~8월에 꽃이 핀다. 동자꽃은 꽃잎을 다섯 장 가진 갈래꽃인데, 꽃받침이 긴 통 모양이고 끝이 다섯 갈래로 갈라졌다. 겉에 털이 나 있다. 꽃잎을 꽃받침이 긴 통 모양으로 감싸고 있기 때문에 통꽃으로 잘못 알기 쉽다.

● **이용**_ 화단에 심어 관상한다. 절화나 초물분재에도 쓰인다.

● **재배 및 관리**_ 습기가 있는 반음지를 좋아한다. 토양에 수분이 부족하면 잎이 시들어버리므로, 아침 해가 잘 들고 습기가 있는 땅에 심는 것이 좋다. 번식은 포기나누기로 하는 것이 수월하지만, 꺾꽂이로도 번식시

킬 수 있다. 종자번식도 가능하나 종자를 얻기가 쉽지 않다. 분홍색 꽃이 피는 분홍동자꽃은 종자를 얻기가 더욱 힘들다.

● **유사종**_ 동자꽃은 주황색 꽃이 주로 피지만 드물게 흰 꽃이 피는 것도 있다. 이를 흰동자꽃(for. *albiflora*)이라고 한다. 제비동자꽃(*L. wilfordii*), 털동자꽃(*L. fulgens*), 우단동자꽃(*L. coronaria*) 등도 관상용으로 많은 사랑을 받고 있다.

제비동자꽃

두메부추

S M Lee

과명 백합과(Liliaceae)　학명 *Allium senescens* L.　개화기 8~9월

매운맛을 내는 산골의 부추, 두메부추

울릉도와 강원도의 바닷가에서 발견되는 우리나라 특산식물이다. 속명 알리움(*Allium*)은 '맵다'는 뜻의 라틴어에서 유래했다. 알리움속의 식물은 모두 매운맛을 가지고 있는데, 두메부추도 일반 부추와 같이 매콤한 맛의 뿌리줄기를 가진 식물이다. 뿌리줄기는 2센티미터 정도 되고 그 밑으로 수염뿌리가 돋는다. 잎은 뿌리에서 모여나며 약간 통통하다. 부추와 달리 잎이 윷처럼 한쪽은 납작하고 한쪽은 볼록해 단면이 반달 모양이다.

● **꽃 피는 시기** _ 8~9월에 분홍 내지 연보라색 꽃이 핀다. 작은 꽃들이 우산 모양으로 한데 뭉쳐 지름 3센티미터 정도로 핀다.

● **이용** _ 예전에는 식용이 대부분이었으나 근래에는 관상용으로 더 관심을 모으고 있다. 야생화정원에 군락으로 심으면 경관을 더욱 돋보이게 한다. 키가 작은 한라부추를 초물분재에 이용하면 마치 대나무숲 같은 느낌을 주는데, 어느 날부터 꽃봉오리가 나오고 이어서 방울 같은 꽃이 피면 그 모습이 매우 아름답다. 한방에서는 부추 '구(韭)' 자로 통용되는데, 간을 튼튼하게 하는 식물로 알려졌다.

● **재배 및 관리** _ 배수가 잘 되고 햇빛이 잘 드는 양지에 심는다. 전문적으로 대량 생산할 때는 유기질 비료를 충분히 주고, 필요하다면 복합비료를 추비로 준다. 이른 봄에 직접 씨를 뿌린다. 종자의 수명은 짧으나, 바로 수확한 종자는 발아율이 좋고 이듬해에 바로 꽃을 볼 수 있다. 새로운 뿌리가 계속 나오기 때문에 산파와 달리 포기나누기로 증식하기가 수월하다.

두메양귀비

Aug. 2008
Eunjoo Lee

과명	양귀비과(Papaveraceae)	학명	*Papaver coreanum* Nakai
다른 이름	두메아편꽃, (영)Korean Poppy	개화기	7~8월

양귀비의 화려함보다는 소박함이 돋보이는 두메양귀비

　높은 산 중턱의 풀밭이나 자갈밭에서 자생하는 한두해살이풀로, 백두산에서 많이 볼 수 있다. 종명(*coreanum*)에서 보는 바와 같이, 한국(Corea)이 원산지인 우리 꽃이다. 식물 전체에 거칠고 누운 털이 많이 난다. 줄기는 없고, 잎은 뿌리에서 꽃자루와 더불어 30개 정도가 뭉쳐난다. 잎몸은 깃털 모양으로 갈라졌고, 잎자루는 길며 잎몸과 같이 털이 많다.

　노란(황록색) 꽃이 주로 피지만 흰 꽃이 피는 것도 있어, 이를 흰두메양귀비 또는 흰양귀비라고 한다. 두메양귀비는 빛을 좋아하지만 구석진 곳에

두메양귀비에 비해 화려하고 꽃색도 다양한 양귀비는 원예용으로 만들어낸 교배종이다.

옹기종기 피어 있는 모습이 화려한 꽃을 자랑하는 다른 양귀비와 달리 시골(두메)스러워서 더없이 정겹다.

● **꽃 피는 시기_** 7~8월에 노란 꽃이 줄기 끝에 한 송이씩 달려 위를 향해 핀다. 꽃봉오리일 때는 아래를 향한다. 꽃잎은 네 장이고 꽃받침은 두 장으로 타원형이며, 털이 많이 나 있고 수술도 많다.

● **이용_** 약용(아편)으로 쓰이는 다른 종 양귀비(*P. somniferum*)와 달리 관상용으로 재배한다.

● **재배 및 관리_** 햇빛이 잘 드는 곳을 좋아하며 비옥한 사질양토에서 잘 자란다. 습한 것보다 건조한 것을 더 좋아하므로 야외에서는 물주기에 특별히 신경을 쓰지 않아도 된다. 화분에 심을 때는 밭흙, 부엽, 모래를 4대 4대 2로 섞어 쓰거나 시판 배양토에 굵은 모래를 20퍼센트 섞어 쓴다.

마타리

과명	마타리과(Valerianaceae)	학명	*Patrinia scabiosaefolia* Fisch.
다른 이름	(약)패장	개화기	8~9월

뿌리에서 나는 냄새와 달리 샛노란 꽃이 아름다운 마타리

전국 산야의 양지바르고 척박한 풀밭에서 자라는 숙근성 여러해살이풀이다. 줄기는 60~150센티미터로 곧게 자라며, 중간 이상의 마디에서 여러 개의 가지를 친다. 잎은 마주나고(호생) 깃털 모양으로 깊이 갈라지며 양면에 누운 털이 있다. 아랫부분 잎은 잎자루가 있지만 위로 올라갈수록 잎자루가 없어진다.

줄기와 원줄기 끝에 샛노란 꽃이 우산 모양으로 모여핀다. 꽃은 지름이 3~4밀리미터이고, 꽃부리가 다섯 개로 갈라지며 통부가 짧고, 네 개의 수술과 한 개의 암술이 있으며, 자방은 하위이고 3실인데 그중 1실만 종자를 맺는다.

● **꽃 피는 시기**_ 늦은 여름부터 가을에 걸쳐 가지 끝에 좁쌀만 한 샛노란 꽃이 무수히 뭉쳐핀다. 꽃이 한창 피어날 때는 뿌리에서 장 썩는 것 같은 이상한 냄새가 강하게 풍긴다.

● **이용**_ 어린순은 나물로 먹는다. 한방에서는 식물 전체를 '패장(敗醬)'이라 하여 소염과 어혈에 사용하고, 고름 빼는 데도 쓴다. 장마 후 꽃이 많지 않은 때 정원이나 공원 등을 장식하기에 적합한 식물이다.

● **재배 및 관리**_ 물이 잘 빠지고 부식질이 풍부한 사질양토에서 잘 자란다. 양지바른 곳에 심고 흙이 너무 마르지 않도록 관리한다. 어떤 환경에서든 비교적 잘 자라고 옮겨심기도 쉽다. 키가 크게 자라는데, 작게 키우려면 7월경 아래쪽 잎 4~5장을 남기고 줄기를 잘라주면 새로 나오는 여러

개의 눈에서 새 가지가 자라 꽃이 많이 핀다.

　씨뿌리기, 꺾꽂이, 포기나누기로 번식시킬 수 있다. 씨는 늦가을에 충분히 익으면 따서 바로 뿌렸다가 이듬해 모종을 옮겨심는다. 또는 이른 봄에 배수가 잘 되는 양지바른 곳에 바로 뿌려도 된다. 꺾꽂이는 이른 봄에 하는 것이 좋으며, 어린순을 따서 모래상자에 꽂아두면 쉽게 뿌리가 난다. 화분에 심은 포기는 이른 봄 또는 장마 때 갈아심기를 겸해 포기나누기를 한다. 야외에 심은 것도 같은 시기에 포기나누기로 번식시킨다.

만병초

Rhododendron brachycarpum
전영경 2010. 4.

과명 진달래과(Ericaceae) 학명 *Rhododendron brachycarpum* G. Don. 개화기 7~8월

만 가지 병을 고친다는 만병초

　제주도, 울릉도, 지리산, 강원도의 치악산과 오대산 등 높은 산의 숲속에서 자라는 높이 1~3미터의 상록관목이다. 어린가지에는 회색 털이 밀생하지만 꽃이 피면 곧 없어져 갈색으로 변한다. 끝이 뾰족한 타원형 잎이 가지 끝에 모여 조밀하게 어긋나며(호생), 잎자루는 길이 1~3센티미터로 역시 회색 털이 나지만 이것도 없어진다.

　잎몸은 가죽질이고 앞면은 짙은 녹색인 반면 뒷면은 회갈색이며 가장자리가 밋밋하고 뒤로 말린다. 꽃은 가지 끝에 5~15송이 달린다. 꽃자루에 털이 있고, 꽃받침은 짧고 다섯 개로 갈라졌으며, 꽃부리는 깔때기 모양이고 끝이 역시 다섯 개로 얕게 갈라진다. 수술은 열 개로 길이가 서로 다르고 기부에 털이 있으며, 씨방에는 갈색 털이 밀생하나 암술대에는 없다.

　서양에서는 정원에 각양각색의 만병초를 심고, 이웃 일본에서도 여러 종류의 만병초를 재배하고 있지만, 우리나라에서는 아직 많이 재배되지 않고 있다. 원예적 가치가 큰 식물이므로 점차 사랑을 받게 되리라고 본다. 키가 큰 만병초는 야외정원에 적합하고, 백두산에 자생하는 좀만병초는 높이가 10센티미터 정도이기 때문에 분화로 적합하다.

　● **꽃 피는 시기 _** 7~8월 가지 끝에 지름 3~4센티미터의 흰색 또는 담홍색 꽃이 5~15송이 모여핀다. 열매는 9~10월에 익는다. 꽃색은 변이가 많아 흰색 바탕에 연한 분홍색이 도는 것, 연한 황색, 꽃부리의 안쪽 상단부에 연한 갈색 반점이 있는 것 등 다양하다. 학자에 따라 변종으로 취급하기도 하지만, 유전적인 것보다 환경적인 요인이 꽃색에 영향을 미친다는 주장도 있다.

● **이용 _** 이름이 암시하듯이 만 가지 병에 효험이 있는 식물로 알려져 한방과 민간에서 애용된다. 잎이 발진, 강장, 이뇨, 건위, 류머티즘, 이질, 구토, 고혈압, 저혈당, 저혈압, 당뇨병, 신경통, 관절염, 두통, 생리불순, 양기부족, 비만증, 무좀, 축농증, 중이염 등에 효험이 있다고 한다. 만병초 달인 물로 소·개·고양이 등의 동물을 씻기면 벼룩이나 진드기 등이 없어지고, 화장실에 몇 잎 떨어뜨려놓으면 벌레가 꼬이지 않는다고 하는데, 이는 유독성 식물임을 암시한다.

● **재배 및 관리 _** 1년 내내 통풍이 잘 되는 곳을 선택한다. 햇빛이 너무 강하게 드는 곳은 좋지 않고, 겨울에도 강한 바람을 피할 수 있는 곳이 좋다. 화분에 심으면 노지에서 야생으로 자랄 때보다 키가 많이 작아지기 때문에 분재용으로 많이 이용한다.

화분에 심거나 분갈이를 하는 적기는 5월 중순에서 6월 중순 사이, 또는 9월 중순에서 10월 중순 사이다. 어린 모종을 심을 때는 3~4호 분을, 화분에 심어 기르던 것을 분갈이할 때는 현재의 화분보다 1호 높은 분을 구입한다.

식물을 화분에서 꺼내 뿌리흙을 핀셋 등으로 조금씩 뽑아내면서 뿌리 사이 공간을 넓혀준다. 죽은 뿌리 등을 제거하면서 원래 크기의 반 정도로 뿌리를 다듬어준다. 굵은 모래를 밑에 깔고 녹소토나 모래를 배양토와 1대 1로 섞은 흙을 3분의 1 정도 채워넣고 완효성 비료를 몇 알 넣은 후 살짝 덮는다. 그 위에 준비된 식물을 바로 세우고 나머지 흙으로 잘 채운 다음 표면을 다시 굵은 모래로 덮어 마무리한다. 옮겨심기가 끝나면 바람이 잘 불지 않는 그늘에 1주일 정도 두었다가 양지로 옮긴다.

건조하면 생육이 좋지 않으므로 주의한다. 새싹이 나오고 생육이 왕성할 때는 물을 많이 주고, 그 후로는 화분 겉흙이 마르면 물을 준다.

6월 하순경에 가지치기를 해 키가 더 이상 자라지 않고 새로운 가지가 많이 나오도록 한다. 가지치기 시기가 늦어지면 이미 꽃눈 분화가 끝났기 때문에 다음 해에 꽃을 보지 못할 수 있으니 주의한다.

꺾꽂이나 씨뿌리기로 번식시킨다. 꺾꽂이 적기는 6월경으로, 새로 자란 가지를 가지치기를 겸해 잘라내 발근제를 발라서 삽목상자에 꽂아둔다. 삽목상자는 그늘에 두고 관리하면서 건조하지 않도록 주의한다. 꺾꽂이하고 두 달 정도 지나면 뿌리가 나기 시작한다. 뿌리가 나면 비닐포트에 옮겨 묘목을 키운다.

씨뿌리기는 2월에 한다. 씨앗을 골고루 뿌린 후 아예 흙을 덮지 않거나 살짝 덮는다. 씨 뿌린 후에는 물이 화분 밑으로 충분히 흐르도록 많이 주고, 흙을 덮지 않았을 경우에는 저면관수를 한다. 건조하지 않도록 주의해 관리하면 봄에 싹이 튼다. 본잎이 2~3매 나오면 작은 화분으로 옮긴다. 발아 후 개화까지는 2~3년이 걸린다.

노랑만병초

● **유사종** _ 울릉도에서 자생하는 짙은 홍색 꽃 만병초를 홍만병초(var. *roseum* Konidz)라 한다. 황백색 꽃이 피는 노랑만병초(*R. aureum* Georgi)는 설악산 이북에서 백두산에 이르는 높은 산의 사면 암석지나 풀밭에서 자생하는 상록관목이다. 특히 백두산에 무리를 이뤄 군생한다. 줄기 밑부분은 땅을 기며 가지가 위를 향해 1~1.5미터 크기로 자란다. 만병초보다 이른 6~7월에 꽃이 핀다.

맥문동

Bo-Ran.Lee

| 과명 | 백합과(Liliaceae) | 학명 | *Liriope platyphylla* Wang et Tang | 개화기 | 7~8월 |

그늘정원을 밝혀주는 맥문동

남부와 중부 지방의 산지 그늘진 숲속에서 자라는 백합과의 여러해살이 풀이다. 난(춘란)과 비슷한 잎을 가지고 있지만 난과 식물은 아니며, 겨울에도 잎이 파랗게 살아 있다. 땅속줄기는 옆으로 뻗지 않아 짧다. 키는 40센티미터 정도이며, 잎 사이에서 자란 꽃줄기 윗부분에 작은 꽃들이 촘촘히 모여피어 이삭 모양을 이룬다.

● **꽃 피는 시기** _ 7~8월에 진보라 또는 보라에 가까운 자주색 꽃이 핀다. 꽃이 지고 열매가 맺힌 지 오래 지나지 않아 얇은 껍질이 터져버려서 씨가 밖으로 노출되어 마치 검정 열매가 달린 것처럼 보인다.

● **이용** _ 약용으로는 뿌리를 주로 쓰며 자양강장, 진해, 거담, 강심제로 사용한다. 즉, 음을 보하고 폐의 진액을 보태며, 심혈을 보하고 소변을 잘 나오게 한다. 심열을 내리고, 마른기침과 열이 나고 가슴이 답답하거나 입안이 마르고 갈증이 날 때 도움이 된다고 한다. 음지식물이라 정원의 그늘진 곳이나 큰 나무 밑을 덮는 지피식물로 애용된다.

● **재배 및 관리** _ 어떤 조건에서도 무난히 잘 자라지만, 반그늘에서 키우는 것이 가장 좋고 물은 보통으로 준다. 최근 새집증후군이 자주 언급되면서 맥문동의 공기정화 능력이 알려져 관심을 모으고 있다.

씨뿌리기 또는 포기나누기로 개체를 늘릴 수 있으나, 포기가 잘 늘어나므로 특별한 목적이 없는 한 거의 포기나누기로 번식시킨다. 포기나누기는 한여름과 겨울을 제외하고 어느 때라도 가능하다.

무릇

과명	백합과(Liliaceae)	학명	*Scilla sinensis* Merr.
다른 이름	(약)면조아	개화기	8~9월

꽃 피는 방법이 상사화를 닮은 무릇

햇빛이 잘 드는 산기슭이나 풀밭에서 쉽게 만날 수 있는 야생화다. 하나하나의 포기를 볼 때는 별로 매력적이지 않지만, 무리를 지어 핀 군락을 만나면 감탄사가 절로 나온다. 구근식물로 줄기는 30~50센티미터이며, 땅속의 비늘줄기가 길이 2~3센티미터에 흑갈색인데 단맛이 나기 때문에 쪄서 먹기도 한다. 잎은 부추처럼 길고 두터우며 두 장씩 마주나는데(대생), 봄과 여름에 두 번 나온다. 봄에 나온 잎은 말라 없어지고 여름에 새 잎이 나오면서 그 사이에 꽃줄기가 올라오는 것이 상사화와 비슷하다. 흰꽃이 피는 것을 흰무릇(T. Lee)이라고 하며 수원 근처에 자란다. 이도 뿌리를 구충제로 사용한다.

● **꽃 피는 시기**_ 8~9월 꽃줄기 끝에 다수의 분홍에서 연보라색 꽃이 이삭 모양으로 뭉쳐서 핀다. 때로는 흰 꽃도 발견된다. 씨는 길이 4~5밀리미터의 타원형 튀는열매(蒴果) 속에 맺히는데, 껍질이 세로로 갈라지면서 터져나온다.

● **이용**_ 비늘줄기와 어린잎을 쪄서 먹든지 엿처럼 오래 졸여서 먹는다. 뿌리는 구충제로 사용하기도 한다. 한방에서는 뿌리줄기를 '면조아(綿棗兒)'라 하여 요통, 타박상, 장염 등에 내복하거나 바른다. 잎이 잔디와 비슷하기 때문에, 잔디밭에 심으면 꽃이 피기 전에는 구별되지 않다가 늦여름부터 갑자기 꽃이 피어 잔디밭을 화려하게 만든다.

● **재배 및 관리**_ 배수가 잘 되는 곳에 심는다. 화분에 심을 때는 산모래

와 부엽토를 7대 3의 비율로 섞어 배양토로 쓴다. 재배하는 데 특별한 어려움은 없다. 비옥하고 양지바른 곳을 좋아하지만 그늘지고 척박한 땅에서도 잘 자란다. 물이 과습하지 않도록 주의한다.

주로 씨뿌리기나 포기나누기로 번식한다. 씨앗이 익으면 따서 가매장했다가 이듬해 봄에 정식으로 뿌린다. 뿌리가 깊이 묻혀 있기 때문에 분구할 때 주의해야 한다. 늦가을이나 이른 봄 싹이 트기 전에 땅을 깊이 파서 뿌리가 상하지 않도록 주의해가며 파내면 새끼뿌리가 나온 것이 보인다. 어미뿌리에서 떼어 적당한 간격으로 심는다.

문주란

Shim HangSooka 2010

과명	수선화과(Amaryllidaceae)	학명	*Crinum asiaticum* var. *japonicum* Baker
다른 이름	(영)Poison Blub, Poison Lily	개화기	7~9월

제주도의 꽃 문주란

제주도 북제주군 구좌읍 하도리의 토끼섬에 군락을 이루고 자생하던 여러해살이풀이다. 관상가치가 높아 여기저기 알려지면서 남획되어 현재는 천연기념물 제19호로 지정, 보호하고 있다. 토끼섬이 우리나라에서 문주란이 자랄 수 있는 북방한계 지역인 것으로 알려졌다.

문주란의 원산지는 아프리카인데 해류를 타고 제주도의 토끼섬과 일본에 상륙해 자생하게 되었다. 일부는 태평양 연안의 아메리카 대륙에도 분포하는데, 원종이 정착한 곳에 적응하면서 형태적 변화가 발생한 것으로 보인다.

제주도에 자생하는 문주란은 아프리카 문주란에 비해 키와 잎이 작고 비늘줄기는 뚜렷하지 않으나, 그 위에 여러 겹의 육질 잎집이 포개어 이루어진 헛줄기가 자라고, 그 밑으로 흰색의 국숫발 같은 뿌리가 자란다. 여름에 10~15송이의 흰 꽃이 우산 모양 꽃차례로 핀다. 꽃잎은 여섯 갈래로 깊이 갈라졌고 끝은 뾰족하며 아랫부분은 긴 통 모양이다. 꽃 밖으로 여섯 개의 수술이 길게 뻗는데 윗부분은 보라색을 띤다.

● **꽃 피는 시기_** 7~9월에 흰색 꽃이 피며 향기가 좋아 가정이나 온실에서 관상용으로 재배한다. 씨는 둥글고 지름이 2~3센티미터이며, 회백색을 띠는 두꺼운 해면질에 싸여 바닷물에 잘 뜬다.

● **이용_** 세계적으로 알려진 향기가 좋은 관엽식물로, 화분에 심어 관상한다. 영어이름은 '독나리(Poison Lily)'인데, 우리나라의 여러 사전을 찾아보았으나 문주란의 독성에 대한 언급은 발견하지 못했다.

● **재배 및 관리 _** 밭흙, 부엽, 강모래를 4대 4대 2의 비율로 혼합해서 배수가 잘 되는 배양토를 만들어 사용한다. 재배 가능한 북방한계선이 제주도 토끼섬이므로, 내륙에서의 옥외 월동은 불가능하고 온실이나 실내에서만 재배할 수 있다. 반그늘에서 잘 자라고, 환기를 잘 해주는 것이 중요하다. 분구나 씨뿌리기로 번식시킬 수 있다. 씨는 몇 개 맺히지 않지만 발아력이 좋아 오랫동안 건조시켜도 쉽게 발아한다.

물레나물

과명	물레나물과(Hypericaceae)	학명	*Hypericum ascyron* L.
다른 이름	(약)황해당, (영)St. John's-wort	개화기	6~8월

꽃이 물레를 닮은 물레나물

전국 각지의 산기슭이나 풀밭에서 자라는 여러해살이풀이다. 특히 냇가에서 떠내려온 모래에 자생한다. 꽃의 모양이 물레를 닮았다고 해서 '물레나물'이라는 이름이 붙었다. 네모난 줄기가 50~150센티미터로 곧게 자란다. 잎은 마주나고(대생) 끝이 뾰족한 피침형이다. 암술과 수술은 높이가 비슷한데, 암술대가 수술보다 길게 나온 것을 큰물레나물(var. *longistylum*)이라고 한다.

● **꽃 피는 시기**_ 6월 말에서 8월에 줄기나 가지 끝에 노란 꽃이 한 송이씩 위를 향해 핀다. 수술이 많은 것이 특징이다.

● **이용**_ 어린순은 나물로 먹고, 한방에서는 연주창이나 부스럼에 쓰며, 구충에 이용하기도 한다.

● **재배 및 관리**_ 햇빛이 잘 드는 곳을 좋아하고 사질양토에서 잘 자란다. 노지에서 월동이 가능하다. 씨를 뿌려서 번식시키거나 이른 봄 또는 늦가을에 포기나누기를 한다. 가을에 씨를 받아 바로 파종하면 이듬해 여름에 꽃을 볼 수 있다. 오래된 포기는 눈이 많으므로 포기나누기를 할 때 눈이 잘려나가지 않도록 주의한다.

물봉선

Hanjungai 2011

과명	봉선화과(Balsaminaceae)	학명	*Impatiens textori* Miq.
다른 이름	물봉선화	개화기	8~9월

우리나라 토종 봉선화, 물봉선

봉선화과에 속하는 한해살이풀로, 전국 산속의 물가나 습지의 응달에 무리지어 자란다. 줄기는 전체적으로 연약하고, 잎은 어긋나며(호생), 꽃은 화려하지는 않지만 소박하고 수줍은 듯하지만 무리지어 핀 모습이 아름답다. 키가 40~60센티미터로 자라고 줄기에 볼록한 마디가 있으며, 잎은 끝이 뾰족하고 가장자리에 톱니가 있다.

잎겨드랑이에 지름 3센티미터 정도의 보라색 고깔 모양 꽃이 아래를 향해 핀다. 통꽃으로 끝이 갈라졌는데 위쪽에는 작은 꽃잎이, 아래쪽에는 넓고 큰 꽃잎이 자리를 잡는다. 뒤쪽의 꿀주머니 끝이 안쪽으로 한 바퀴 이상 말린다.

속명(*Impatiens*)은 '참지 못함'을 뜻하는 라틴어(*impatient*)에서 유래했는데, 이는 익은 열매를 건드리면 탁 터져버리는 특성에서 비롯되었다고 한다. 그래서 꽃말도 '나를 건드리지 말아요'다.

우리가 손톱에 물을 들이는 봉선화는, 여름철 우리 가정의 뜰에서 흔히 볼 수 있기 때문에 우리나라 자생종으로 생각하기 쉽지만, 사실은 인도가 원산지다. 우리나라 토종 봉선화는 바로 이 물봉선이다.

● **꽃 피는 시기 _** 8~9월에 꽃이 피고, 10월에 열매가 익는다.

● **이용 _** 한방에서는 잎과 줄기 또는 뿌리를 생약으로 쓴다. 줄기는 해독작용이 있어 뱀에 물렸거나 종기를 치료할 때 쓰고, 뿌리는 강장효과가 있으며 멍들었을 때도 사용한다. 습지정원 소재로도 많이 쓴다.

● **재배 및 관리 _** 그늘진 습지에서 가장 잘 자란다. 화분에 심을 때는 산모래같이 물빠짐이 좋은 소재를 사용한다. 한해살이풀이므로 해마다 씨를 뿌려야 한다. 열매가 너무 익어 터져버리면 씨가 멀리 날아가버리므로, 꼬투리가 색이 변하면서 수분을 잃어가면 씨를 받아 잘 저장했다가 이듬해 봄에 뿌린다.

● **유사종 _** 물봉선은 기본적으로 붉은빛을 띠는 보라색 꽃이 피지만, 간혹 다른 색 꽃도 볼 수 있다. 자생지나 꽃색에 따라 산물봉선, 제주물봉선, 흰물봉선, 노랑물봉선 등으로 구분한다.

노랑물봉선(*I. nolitangere*)은 물봉선과 거의 같으나 꽃색이 노랗고, 꿀주머니의 끝이 안쪽으로 반 정도밖에 말리지 않는 것이 다르다.

노랑물봉선

바위취

S M Lee

과명	범의귀과(Saxifragaceae)	학명	*Saxifraga stolonifera* Meerb.
다른 이름	(약)호이초	개화기	5~7월

바위틈에 자라나는 바위취

늘푸른여러해살이풀로 온몸이 털로 덮였다. 그늘지고 습기 있는 곳에서 자라며, 기는줄기(匍腹莖) 끝에 새로운 포기가 만들어져 늘어난다. 두툼한 잎은 콩팥 모양으로 가장자리에 물결무늬 톱니가 있다. 꽃잎은 다섯 장인데 위쪽 세 장은 짧고 빨간색 무늬가 있는 데 비해, 아래쪽 두 장은 길고 무늬가 없는 것이 꽃 전체적으로 큰 대(大) 자 모양을 이룬다.

● **꽃 피는 시기_** 5~7월에 꽃줄기 위에 큰 대 자 모양 흰 꽃이 원뿔 모양 꽃차례로 무성하게 핀다.

● **이용_** 주로 관상용으로 많이 재배한다. 약용으로도 쓰이는데, 한약명은 호이초(虎耳草)로 열을 내리고 독을 풀고 풍을 없애는 효능이 있다고 알려졌다. 민간에서도 화상이나 동상을 입었을 때 사용했다.

● **재배 및 관리_** 습기가 많고 그늘진 곳에 심는다. 정원 돌틈에 심으면

기왓장에 흙을 담고 바위취를 심어 의자 밑 빈 공간을 장식했다(왼쪽). 오른쪽은 붉은 꽃을 피우는 원예종 바위취다.

장식효과를 볼 수 있다. 음습한 곳에서 주로 자라지만 햇빛이 잘 들면서 습한 곳에서 더 잘 자란다. 연못가 등 습한 곳에 심으면 몇 년 지나지 않아 그 일대가 바위취로 덮인다.

　봄부터 가을까지 언제든 포기나누기를 할 수 있으며, 기는줄기에서 새로 생긴 새끼포기를 잘라 심는다. 잎을 꺾꽂이하기도 한다. 외국에서 들여온 재배종 중 자주색에 가까운 붉은색 꽃을 피우는 것이 시중에서 유통되고 있다.

벌개미취

과명	국화과(Compositae)	학명	*Aster koraiensis* Nakai
다른 이름	(영)Korean Daisy	개화기	6~9월

초여름부터 가을까지 꽃이 피는 벌개미취

우리나라 특산식물로, 초여름부터 가을까지 계속 꽃이 핀다. 속명(*Aster*)은 '별'을 뜻하는 그리스어이고, 종명(*koraiensis*)은 '한국산'이라는 뜻이다. 꽃대에 개미가 붙어 있는 것처럼 작은 털이 있는 '취' 종류라고 해서 '개미취'라고 부르는데, '벌개미취'는 특히 벌판에서 흔히 볼 수 있는 개미취라 하여 붙여진 이름이다. 경기도 이남의 산이나 들의 물기 있는 곳에서 자생하는 여러해살이풀로, 50~80센티미터까지 자란다. 잎은 어긋나며(호생) 긴 타원형으로 끝이 뾰족하다. 내한성이 좋고 생명력이 강하다.

● **꽃 피는 시기** _ 6~9월에 계속 꽃이 핀다. 4~5센티미터의 보라색 꽃이 원줄기와 가지 끝에 달린다.

● **이용** _ 아래 사진처럼 길가에 심어 꽃길을 만들거나, 도로변 또는 공원 등지에 지피(地被)용으로 심는다. 어린잎은 나물로 먹고, 뿌리는 자원(紫苑)이라 하여 생약으로도 쓴다.

● **재배 및 관리_** 습기가 있으면서도 배수가 잘 되는 사질양토에서 재배한다. 건조하면 쉽게 잎이 시들어버리므로 물을 자주 준다. 생명력과 번식력이 강하기 때문에 특별한 관리 없이도 군락이 커진다. 거름기가 많은 토양에서는 잎이 무성해지기 쉬우나, 빛이 잘 들면 꽃대가 충실하고 꽃색도 좋다.

화분에 심을 때는 순지르기를 해 키가 많이 자라지 못하도록 하고, 분갈이는 꽃이 진 후 바로 하는데 묵은 꽃대는 없애고 잎은 3분의 1 정도 남기고 잘라낸다. 번식은 주로 포기나누기로 하는데, 분갈이를 할 때 함께 하면 된다. 대량 증식을 위해서는 가을에 채종한 씨를 봄에 뿌린다.

● **유사종_** 우리나라 야생식물 중 이름에 '취'가 붙은 식물이 많다. 참개미취, 좀개미취, 곰취, 각시취, 분취, 미역취, 수리취 등 70여 종이 우리나라 산과 들에 자라고 있으며 대부분 나물로 먹는다.[*] 이들은 국화과에 속하지만 같은 속은 아니다. 벌개미취를 비롯해 참취(*A. scaber*)·개미취(*A. tataricus*)·갯개미취(*A. tripolium*) 등은 개미취속(*Aster*), 미역취(*S. virgaarea* var. *asiatica*)·미국미역취(*S. serotina*) 등은 미역취속(*Solidago*), 곰취(*L. fischeri*)는 곰취속(*Ligularia*), 각시취(*S. pulchella*)와 분취(*S. seoulensis*)는 각시취속(*Saussurea*), 수리취(*S. deltoides*)와 큰수리취(*S. excelsus*)는 수리취속(*Synurus*)에 속한다. 분취는 서울이 원산지인 한국 특산식물이다.

---

[*] 김태정,《우리꽃 백 가지 1》, p. 386, 현암사, 1990.

범부채

| 과명 | 붓꽃과(Iridaceae) | 학명 | *Belamcanda chinensis* (L.) DC. |
| 다른 이름 | (약)사간, (영)Blackberry Lily, Leopard Flower | 개화기 | 7~8월 |

얼룩무늬 꽃잎과 부챗살처럼 펼쳐지는 잎, 범부채

전국의 산과 들에 자생하던 여러해살이풀이지만, 남획 등으로 인해 이제는 자생지를 찾아보기가 어렵게 되었다. '범부채'는 부챗살 모양의 적황색 꽃잎에 범가죽처럼 얼룩무늬가 있어 붙여진 이름이다. 영어로는 '블랙베리 릴리(Blackberry Lily)' 또는 '레퍼드 플라워(Leopard Flower)'라고 불리는데, 전자는 꽃이 지고 익은 까만 씨가 블랙베리를 닮았다고 해서, 후자는 꽃잎의 얼룩무늬가 표범의 가죽과 비슷하다고 해서 붙여진 이름으로 보인다.

비교적 넓은 선형 잎들이 아래쪽에서 두 줄로 서로 안으며 포개져 올라와 부챗살같이 퍼진다. 원줄기가 50~100센티미터로 자라고, 끝에서 한두 번 갈라지며 그 끝에서 몇 송이씩 꽃이 핀다.

● **꽃 피는 시기 _** 7~8월에 적황색 바탕에 진한 점이 박힌 꽃이 핀다.

● **이용 _** 꽃이 피기 전에는 붓꽃 같은 잎이, 꽃이 피면 꽃이, 꽃이 진 후에는 열매가 모두 관상가치가 높다. 약으로도 쓰인다. 한방에서는 '사간 (射干)'이라 하여 뿌리줄기를 편도선염 치료에 쓴다.

● **재배 및 관리 _** 햇빛을 충분히 받게 하는 한편, 물은 조금씩 주어 건조하게 기른다. 증식은 씨뿌리기도 가능하지만, 꽃이 지고 난 다음 포기나누기를 하는 것이 가장 쉬운 방법이다.

봉선화

Aug. 2008
Eunjoo Lee

과명	봉선화과(Balsaminaceae)	학명	*Impatiens balsamina* L.
다른 이름	봉숭아, 봉사, (영)Garden Balsam	개화기	6~8월

손톱을 빨갛게 물들이는 천연 매니큐어, 봉선화

봉선화(鳳仙花)는 봉숭아 또는 봉사라고도 부르는 한해살이풀이다. 오래 전부터 많은 가정에서 심어 키워왔고, 또 "울밑에 선 봉선화야" 같은 노래 도 있어서 당연히 우리 꽃으로 알고 있지만, 사실은 원산지가 인도 및 말 레이시아, 중국인 외래종이다. 지금은 물론 토착화되다시피 했다. 우리나 라 토종 봉선화는 앞에서(253~255쪽) 설명한 물봉선이다.

키가 60센티미터 정도로 자라는데 줄기는 연한 육질이고 잎은 어긋난다 (호생). 무더운 여름 봉선화가 피면, 여인네와 아이들이 모여앉아 이야기꽃 을 피우며 손톱을 물들이는 정겨운 모습을 흔히 볼 수 있었다.

열매가 익으면 건드리기만 해도 터지면서 씨가 멀리 날아간다. 그래서 외국에서는 '나를 건드리지 말아요(touch-me-not)'라고도 한다.

● **꽃 피는 시기_** 6~8월에 꽃이 피는데, 꽃자루가 있으며 두세 송이씩 줄기와 잎자루의 겨드랑이에서 밑으로 처져 핀다. 꽃색은 붉은색, 흰색, 자주색 등으로 다양하다.

● **이용_** 염색이나 약의 원료로 쓰인다. 씨앗이 소화, 타박상, 해독, 난 산 등에 유효해 다른 약재와 함께 처방한다.

● **재배 및 관리_** 비옥한 사질양토에서 잘 자란다. 한해살이풀이므로 가 을에 씨앗을 받았다가 다음 해 봄에 배수가 잘 되고 햇빛이 충분한 곳에 직접 뿌린다. 열매가 녹색을 잃으며 누르스름해지면 씨 받을 준비를 한다. 너무 익으면 건드리자마자 바로 터져버린다.

부들

Bo-Ram. Lee

| 과명 | 부들과(Typhaceae) | 학명 | *Typha orientalis* Presl. | 개화기 | 7월 |

꽃꽂이 소재로 사랑받는 부들

전국의 연못가나 하천변의 습지에서 자라는 여러해살이풀이다. 땅속줄기가 옆으로 뻗으며 퍼져나가는데, 곧은줄기가 위로 뻗는다. 수염뿌리를 가진 뿌리는 깊이 박혀 뽑기가 쉽지 않다. 키가 1.5미터 안팎으로 자라고, 잎 아랫부분이 원줄기를 완전히 둘러싸고 있다.

● **꽃 피는 시기_** 7월에 꽃처럼 보이지 않는 갈색 꽃이 모여 긴 방망이 모양으로 핀다. 긴 이삭의 윗부분에는 수꽃이 달리고 암꽃은 그 바로 밑에 달린다. 10월에 열매가 익으면서 방망이 모양 이삭이 적갈색으로 변하면 솜털이 달린 종자가 날아가기 시작한다.

● **이용_** 열매가 맺힌 꽃대와 잎이 꽃꽂이 소재로 애용되며, 이를 건조시킨 것도 사랑을 받고 있다. 연못 또는 습지정원에 적합하며, 오염된 하수구 주변에 심어 환경정화를 꾀하기도 한다. 잎은 공예품이나 방석을 만들고 꽃가루는 지혈, 통경, 이뇨제로 이용된다.

● **재배 및 관리_** 부식질이 풍부한 점질양토에서 잘 자라지만, 수분만 충분히 공급되면 토양은 가리지 않는다. 물정원 가장자리나 수심 50센티미터 이내의 물속에 심는다. 잎이 마르면 미리 잘라주어 잔해로 인해 물이 썩지 않도록 주의한다.

부처꽃

과명	부처꽃과(Lythraceae)	학명	*Lythrum anceps* (Koehne) Makino
다른 이름	(약)천굴채	개화기	7~8월

부처를 닮은 데가 없는 부처꽃

북으로 백두산에서부터 남으로 제주도의 초원에 이르는 전국의 습지나 냇가에서 자라는 여러해살이풀이다. 줄기 끝에 작은 꽃이 몰려핀 모습이 꽃방망이 같아 보이지만, 부처를 연상케 하는 것은 없는데 왜 '부처꽃'이라는 이름이 붙었을까? 속명(*Lythrum*)은 '피'를 뜻하는 그리스어(*lytron*)에서 유래했는데, 꽃이 빨간 데서 비롯된 것으로 보인다.

1미터 가까이 곧게 자라는 줄기가 잔가지를 여러 개 친다. 잎은 마주나고(대생) 뾰족한 타원형인데 가장자리는 밋밋하다. 가늘고 긴 줄기와 가지 윗부분 잎겨드랑이에서 붉은 보라색 꽃이 돌려핀다. 유사종인 털부처꽃(*L. salicaria*)은 잎과 줄기에 잔털이 나 있고 부처꽃보다 큰 꽃이 더 많이 핀다.

● **꽃 피는 시기** _ 7~8월에 붉은 보라색 꽃이 취산화서를 이루며 핀다.

● **이용** _ 습기가 있는 곳에 개화기가 맞는 노란색 붓꽃과 함께 심으면 대비되어 보기에 좋다. 개화기간이 길고 특별한 관리 없이도 잘 자라기 때문에 습지공원 등에 많이 이용된다. 한방에서는 부처꽃과 털부처꽃을 모두 천굴채(千屈菜)라 하여, 늦여름에 전체를 베어 말려 사용한다. 피를 맑게 하고 지혈제, 지사제로 쓰며 특히 이질, 자궁출혈, 궤양에 처방한다.

● **재배 및 관리** _ 습하고 빛이 잘 드는 곳에 심는다. 생명력이 강해 척박한 땅에서도 잘 자란다. 한번 자리를 잡으면 포기가 계속 불어나 좁은 정원에서는 문제가 될 수도 있다. 가을에 받은 씨를 바로 뿌리면 이듬해 봄에 싹이 트고, 어느 정도 자란 모종을 옮겨심으면 그해에 꽃을 볼 수 있다.

비비추

과명	백합과(Liliaceae)	학명	*Hosta longipes* Matsumura
다른 이름	(약)자옥잠	개화기	7~8월

세계적으로 인기있는 반음지식물 호스타, 비비추

산속 습지나 시냇가에 자생하는 여러해살이풀로 백합과 식물이다. 옥잠화와 비비추가 속한 비비추속(*Hosta*)은, 잎이 아름답고 빛 적응성이 좋아 양지에서 음지까지 두루 잘 자라며 재배와 관리가 용이해 근래 서양에서 정원 식생재료로 폭발적인 인기를 끌고 있다.

우리나라에서도 예전에 집집마다 정원 한쪽 향나무나 측백나무 밑에 비비추가 심겨져 있었다. 우리가 어렸을 때는 넓고 부드러운 비비추 잎을 썰어 '국수'라 하고, 호박꽃을 고명으로 얹고 벽돌을 빻아 고춧가루로 뿌리며 놀곤 했다. 하지만 새로운 서양 꽃들이 들어오면서 분꽃이나 봉선화 등과 함께 정원에서 자취를 감추고 말았다.

서양의 비비추 열광에 힘입은 것인지, 최근에는 우리나라에서도 자생 비비추 중 관상가치가 큰 것을 발굴하고자 하는 연구가 활발하게 진행되고 있다. 비비추는 긴 꽃대에 보라색 꽃이 초롱초롱 달리는 아름다움 못지않게 잎의 관상가치가 크다. 잎이 작은 것, 큰 것, 넓은 것, 좁은 것, 무늬가 있는 것, 색이 연한 것과 진한 것 등 특색 있는 비비추가 많다.

기본적으로 비비추는 잎이 뿌리에서 바로 나와 비스듬히 자란다. 긴 심장 모양 잎은 끝이 뾰족하고 가장자리는 밋밋하며, 길이 12~13센티미터에 너비 8~9센티미터로 널찍하며, 맥을 따라 우글쭈글하다.

● **꽃 피는 시기 _** 7월부터 피기 시작해 8월까지 계속 피는데, 50~60센티미터의 꽃줄기에 길이 4센티미터 정도의 길쭉한 깔때기 모양 꽃이 한쪽으로 치우쳐 총상으로 핀다. 끝이 여섯 개로 갈라진 꽃부리 밖으로 수술 여섯 개와 암술 한 개가 길게 삐져나온다.

● **이용 _** 식용, 약용, 관상용으로 두루 쓰인다. 어린잎은 나물로 먹거나 날것으로 먹기도 한다. 한방에서는 자옥잠(紫玉簪)이라 하여 여성의 대하, 자궁출혈 등에 처방한다. 잎을 찧어 얻은 즙은 젖앓이나 중이염에 쓴다. 비비추속은 잎과 꽃이 아름다워 세계적으로 인기를 끌고 있는 관상식물이다. 특히 그늘에서도 잘 자라 꽃을 보기 어려운 그늘정원의 식재로 많이 이용된다.

● **재배 및 관리 _** 약간 습한 반그늘에서 기르는 것이 좋다. 강한 광선에서는 잎 끝이 탄다. 봄·가을에 포기나누기로 번식시키고, 가을에 씨를 받아 바로 뿌리거나 이듬해 봄에 뿌리면 대량 생산이 가능하다.

● **유사종 _** 우리나라에도 여러 종류의 비비추가 자생한다. 최근에는 비비추의 친척뻘 되는 일월비비추가 주목을 받고 있다. 경북 영양 일월산 일대에 서식하는 것이 발견되어 일월비비추라는 이름을 얻었다. 잎이 넓고 잎맥이 뚜렷이 보일 뿐 아니라, 7월부터 9월까지 보라색 꽃이 꽃대 끝에 뭉쳐피는 것이 아름다워 많은 관심을 모은다.

향기로운 흰 꽃이 피는 옥잠화도 비비추와 같은 속(Hosta) 식물이다. 오래전부터 정원에서 가꿔 친숙하기 때문에 자생종이라 여기지만, 중국에서 들어온 식물이다. 긴 꽃대에 흰 꽃이 피는 모습이 옥으로 만든 비녀 같다고 해서 옥잠화(玉簪花)라고 부르는데, 잎이 연녹색으로 크고 넓은 것이 특징이다.

이외 비비추의 유사종을 간단히 비교하면 다음 표와 같다.

유사종	특징
일월비비추(*H. capitata*)	7~9월에 꽃이 피고, 잎이 둥글고 예쁘다.
좀비비추(*H. minor*)	제주도 및 남부 지방의 섬에 자라고, 식물체가 작다.
주걱비비추(*H. clausa*)	잎자루와 잎몸의 구분이 어려운 주걱 모양이다.
옥잠화(*H. plantaginea*)	잎이 넓고 연한 녹색이며, 흰 꽃이 피고 향기가 있다.
산옥잠화(*H. lancifolia*)	잎이 길쭉하고 진한 녹색으로 윤이 난다.
애기비비추(*H. venusta*)	제주도에 자생하며 꽃이 작다.
참비비추 (*H. clausa* var. *normalis*)	우리나라 특산식물로 꽃이 활짝 펴지지 않는다.

일월비비추

옥잠화

뻐꾹나리

Haejeong

과명	백합과(Liliaceae)	학명	*Tricyrtis dilatata* Nakai
다른 이름	(영)Speckled Toadlily	개화기	7~8월

뻐꾹새 울 때 피는 나리, 뻐꾹나리

중부 이남의 숲속에서 자라는 여러해살이풀로 한국 특산식물이다. 흔히 볼 수 없는 희귀식물이지만 백양산, 두륜산, 조계산 등지에서 군락을 발견할 수 있다. 자생지에서는 멸종위기에 처했지만, 근간에는 인공번식을 통해 많이 번식·전파되고 있다.

햇빛이 잘 드는 산기슭에 자라며, 줄기가 50~60센티미터로 자라고, 뿌리에서 여러 대의 줄기가 나와 위로 가면서 갈라진다. 잎은 어긋나며(호생) 잎자루가 없고 밑부분은 줄기를 감싸듯이 둘러싼다.

넓은 타원형 잎은 끝이 뾰족하고 가장자리는 밋밋하지만 가장자리와 양면에 털이 있다. 꽃봉오리는 하늘을 향해 곧추선다. 꽃이 피면서 꽃잎이 여섯 개로 갈라져 뒤로 젖혀지고, 그 가운데 암술과 수술이 솟구쳐 올라와 또 뒤로 젖혀진다.

뻐꾹새 울 때 피는 나리라 하여 '뻐꾹나리'라고 하는데, 영어로는 꽃 모양이 두꺼비 같고(우리가 보기에는 그렇지 않지만) 꽃에 얼룩무늬가 있다고 해서 '얼룩무늬 두꺼비나리(Speckled Toadlily)'라고 부른다.

● **꽃 피는 시기_** 7~8월에 줄기의 끝이나 잎겨드랑이에 유백색 바탕에 자주색 얼룩무늬가 있는 꽃이 뒤집힌 꼴뚜기 모양으로 핀다.

● **이용_** 어린순은 나물로 먹는데, 날것을 씹으면 미끈거리며 오이향이 난다고 한다. 꽃이 화려하지 않지만 독특한 형태 때문에 화분이나 정원에 심어 관상한다.

● **재배 및 관리** _ 아주 그늘진 곳에서도 자라지만, 밝은그늘을 더 좋아한다. 자생지에서는 햇빛이 잘 드는 산기슭에 자라나 여름철 뜨거운 햇빛은 피하는 것이 좋다. 정원에 심을 때는 큰 나무의 그늘이 드리우지만 햇빛이 잘 드는 곳에 심고, 화분에서 재배할 경우 봄에는 빛을 충분히 보게 하고 여름이 되면 오전에 해가 들고 저녁에 그늘이 지는 동향에 두면 좋다.

물은 건조하지 않게 충분히 준다. 일반적으로 식물체가 가늘고 길게 자라므로, 화분에 심을 때는 순지르기를 해서 키가 웃자라지 않고 가지가 많이 나 다보록한 형태로 꽃이 많이 피도록 한다. 5월 중순경에 밑에서 서너 번째 마디에서 잘라주면 된다.

번식은 씨뿌리기나 포기나누기로 한다. 늦가을에 씨를 받아 바로 파종하면 다음 해 봄에 싹이 난다. 채종한 종자를 냉장고에 보관했다가(저온 기간을 거쳐야 발아가 촉진된다) 다음 해 3월에 파종해도 된다. 포기나누기는 3~4월 분갈이할 때 같이 한다.

산수국

과명	범의귀과(Saxifragaceae)	학명	*Hydrangea serrata* (S. et Z.) Wil.
다른 이름	(약)팔선화	개화기	7~8월

산골짜기에 피어나는 산수국

　제주도를 비롯한 경기도–강원도 이남의 산지 숲속이나 골짜기에서 자생하는 1미터 정도의 낙엽관목이다. 산수국은 '산'과 '수국'에서 얻은 이름으로, 산에서 자라는 수국이라는 뜻이다. 또 수국은 물을 많이 필요로 하는 국화라는 뜻에서 수국이라는 이름이 붙었다고 한다. 속명(*Hydrangea*)은 '물(*hydro*)'과 '그릇(*angeion*)'의 합성어로, 이 식물이 물가에 많이 자라고 열매가 그릇 모양이라는 데서 유래되었다. 잎은 마주나며(대생), 타원형 또는 난형으로 끝이 뾰족하고 가장자리가 톱니같이 날카롭다.

　● **꽃 피는 시기_** 7~8월에 피는데, 그해에 자란 가지 끝에 2~3센티미터의 장식꽃과 함께 다수의 양성화가 큰 산방화서를 이룬다. 즉, 외부에는 암술과 수술이 퇴화되고 꽃받침이 마치 꽃잎같이 아름다운 색을 보이는 장식꽃인 무성화(無性花)가 달리고, 가운데에는 꽃잎이 퇴화하고 암술과 수술이 작은 꽃받침에 둘러싸인 양성화(兩性花) 즉 유성화(有性花)가 핀다(아래 그림 참조). 꽃색은 연분홍, 연보라, 하늘색, 남색 등 다양하다.

양성화
장식화

● **이용_** 주로 관상용으로 이용된다. 한방에서는 팔선화(八仙花)라 하여 뿌리, 잎, 꽃을 모두 약재로 쓴다. 심장을 강하게 하고 학질, 가슴 두근거림, 해열에 처방된다.

● **재배 및 관리_** 내음성·내한성·내공해성이 강하며, 비옥하고 보습성이 뛰어난 사질양토를 좋아한다. 반그늘이며 늘 촉촉한 곳에서 재배하는 게 좋다. 씨뿌리기, 꺾꽂이, 포기나누기로 번식시킬 수 있는데 주로 꺾꽂이를 이용한다. 씨를 뿌릴 때는 종자가 미세하므로 파종상자에 뿌리고 저면관수한다. 그런데 종자로 번식시킬 경우 자연교잡되는 종자가 있어 후대에 형질이 서로 다른 것이 나올 수 있으므로, 꽃색이나 크기 등 원하는 형질을 얻기 위해서는 무성생식 방법인 꺾꽂이로 번식하는 것이 좋다.

상사화

S M Lee '09

과명	수선화과(Amaryllidaceae)	학명	*Lycoris squamigera* Max.
다른 이름	이별초, 개난초	개화기	8월

잎을 그리워하는 꽃, 상사화

수선화과의 여러해살이풀로, 흔히 우리나라 꽃으로 알고 있지만 일본에서 들여온 귀화식물이다. 이제는 우리 땅에 완전히 정착한 식물 중 하나로, 제주도를 비롯한 중부 이남의 비교적 양지바르고 중성에 가까운 토양에서 잘 자란다. 땅속에 흑갈색 뿌리줄기가 있고, 선 모양 잎이 봄에 나와 늘어지며, 꽃대는 곧게 자란다.

지구상에 자라는 대부분의 식물은 잎과 줄기와 꽃이 같이 있는 것이 원칙이나, 상사화는 잎이 먼저 나와서 6~7월이면 완전히 말라 죽는데, 그 후 8월에 연분홍색 꽃이 핀다. 이와 같이 잎과 꽃이 함께 있지 못하는 특성 때문에 잎은 꽃을, 꽃은 잎을 그리워한다고 해서 '상사화(相思花)'라는 이름이 붙었고, '이별초'라고도 한다. 잎의 생김새가 난초와 비슷해서 '개난초'라고 부르기도 한다. 속명(Lycoris)은 그리스 신화에 나오는 바다의 여신 라이코리스에서 유래했다고 한다.

● **꽃 피는 시기**_ 잎이 말라 죽은 듯하던 그루에서 8월에 갑자기 꽃대가 나와 꽃이 핀다. 꽃대가 60센티미터 정도로 자라 올라오고, 그 끝에 4~7송이의 연분홍색 꽃이 우산 모양 꽃차례를 이루며 핀다.

● **이용**_ 절화로 또는 화분에 심어 즐기거나 화단과 정원에 심어 관상한다. 땅속 비늘줄기는 약으로 쓴다.

● **재배 및 관리**_ 토질을 별로 가리지 않고 어디서든 잘 자란다. 양지에서 자라기는 하지만 햇빛이 잘 드는 반그늘에 다소 습한 듯한 곳이 좋다.

씨는 맺지 못하며 새롭게 생겨난 비늘줄기를 분구하거나 인공적으로 분구해서 번식시킨다. 원뿌리 옆에 새로 생기는 비늘줄기를 9월 하순부터 10월 초 사이에 나누어 심으면 된다.

● **유사종 _** 우리나라 토종 상사화로는 제주도에서 자라는 흰상사화(L. albiflora), 붉은노랑상사화(L. flavescens), 백양꽃(L. koreana), 개상사화(L. aurea)가 있다. 특히 백양꽃은 전남 백양산에서 자라는 우리나라 특산식물로, 진한 주홍색 꽃이 핀다. 근래에 거제도와 화순군에서도 서식지가 새롭게 발견되었다. 상사화보다 짧은 꽃자루 끝에 더 많은 꽃이 달리고 꽃잎은 꽃무릇보다 넓으며, 희귀식물로 지정되어 있다.

개상사화는 노랑상사화라고도 부르는데, 8월에 연노랑 꽃이 피는 것이 특징이다. 흰상사화는 제주도와 백양산의 노랑상사화(개상사화)와 비슷한데, 꽃이 흰색이고 약간 작은 것이 다른 점이다. 꽃무릇(2n=22)과 노랑상사화(2n=12)가 자연교잡되어 염색체수 17인 흰상사화가 나왔다고 한다.[*]

내장산과 제주도에서 발견되는 붉은노랑상사화는 노랑상사화(2n=12~16)와 비슷하지만 꽃색이 붉은빛을 띤 노란색이며, 특히 염색체 수가 19인 점이 완전히 다르다.

꽃무릇(374~376쪽)은 중국이 원산지로, 선운사를 비롯한 남쪽 지역의 사찰 주위 숲에서 자란다. 상사화는 잎이 봄에 나와 6~7월이면 지는 한해살이잎인 반면 꽃무릇은 해를 넘기는 두해살이잎이다. 꽃도 더 늦게 피어 남쪽 지역의 가을 숲을 아름답게 장식한다.

---

[*] 이영노, 《한국식물도감》, p. 945, 교학사, 1996.

상사화의 푸념

_《유유시집》에서*

나는 상사화라는 말이 싫다.
잎과 꽃이 엇갈리는
같은 사촌은 꽃무릇이라는
고상한 이름 있는데 나만 왜 한 맺힌 이름인가.

그렇다고 개난초도 싫다.
나의 원 소속은 난초가 아닌
백합 쪽의 수선화니
공작수선화 같은
우아한 이름이 어울린다.

나는 상사병 걸린 원혼 아니다.
양분을 얻기 위해 잎이 먼저 나왔고
멋진 자태 자랑 위해 꽃만 보여주는데
꽃 감상하려기보다
인간 마음대로 사랑 갖다붙인다.

나의 꽃빛은 천상에서 가져온 것이다.

---

* 제주도 방림원에 비치된《유유시집》, p. 12.

가슴 조아려 임 기다리는 입술색 아니고
사랑에 실패해 멍든 핏빛도 아니며
이별의 아픔 호소하는 슬픈 색도 아니다.
왜 선방 앞에서 피는지 몰라주는가.

소엽풍란

Kim Hyunock

과명	난초과(Orchidaceae)	학명	*Neofinetia falcata* (Thunb.) Hu
다른 이름	풍란, 부귀란	개화기	6~7월

부귀란이라 불리는 멋스러운 풍란, 소엽풍란

우리나라 남해안을 중심으로 도서 지방과 제주도에 자생한다. 바위나 나무에 붙어 자라는 늘푸른여러해살이풀이다. '풍란'이라는 이름을 가진 난은 잎의 크기에 따라 두 종류로 나뉘는데, 그 하나인 소엽풍란은 잎이 가늘고 길다. 수분과 양분을 잎과 뿌리에 저장하며, 잎은 1년에 2~3매 나오는데 육질이 단단하고 두껍다. 자생지에서는 거의 사라진 상태지만 원예품종이 많이 개발되고 있다.

소엽풍란은 꽃이 우아하고 향기가 그윽해 '부귀란'이라는 별칭으로 불리며, 서양에서도 그 가치를 인정받아 새로운 속간교배종(2속간교배종인 아스코피네티아*Ascofinetia*와 네오스틸리스*Neostylis*, 3속간교배종인 다위나라*Darwinara*와 도미니아라*Dominyara*, 그리고 4속간교배종인 무나라*Moonara* 등)이 많이 만들어지고 있다.

● **꽃 피는 시기 _** 6~7월에 순백색 꽃이 피는데 고급스러운 향이 진하다. 흰 꽃이 오래가면 황색으로 변한다.

● **이용 _** 주로 관상용으로 재배된다. 특히 공중에 노출된 뿌리의 형태가 강인하면서도 멋스럽고 꽃이 아름답고 오래가기 때문에 돌이나 나무에 붙여 재배한다.

● **재배 및 관리 _** 씨뿌리기와 포기나누기로 번식시킬 수 있다. 그러나 종자가 미숙한 미세종자이기 때문에, 자연상태에서는 미생물의 도움을 받아 발아하지만, 재배하는 화분에서는 발아가 거의 불가능하므로 인공배지

에서 발아시켜야 한다. 따라서 시설을 갖추지 못한 일반인의 경우 종자로 번식시키기는 대단히 어렵다. 새로 나온 포기를 갈라 번식시킬 수도 있지만 새로운 포기가 잘 생기지 않는 편이다. 다행히 조직배양에 의한 포트묘가 시중에서 저렴한 가격으로 판매되고 있으니, 이를 구입해 기르기 시작하는 게 좋다.

배양토로는 수태, 바크, 난석 등을 이용한다. 화분 겉흙이 마르기 시작하면 물을 주고, 뿌리가 공중에 노출되어 자라므로 공중습도를 높게 유지해주어야 한다.

수련

water lilies
Aug 2008
Hyensung Kim

과명	수련과(Nymphaeaceae)	학명	*Nymphaea tetragona* Casp.
다른 이름	(영)Water Lily	개화기	7~8월

잎과 꽃이 항상 물에 떠 있는 수련

중부 이남의 늪이나 연못에서 자라는 여러해살이 수초다. 땅속줄기는 굵고 짧으며 밑부분에 수염뿌리가 많이 나 있다. 잎은 뿌리에서 바로 나오는데, 잎자루가 길며, 말발굽 모양으로 물 위에 떠 있다. 잎의 앞면은 녹색으로 광택이 나는데 뒷면은 검은 자주색이다. 잎과 꽃은 연꽃과 달리 항상 물 표면에 떠 있고 물의 깊이에 따라 잎자루의 길이가 조절된다.

흰색·분홍색·노란색·붉은색·자주색의 꽃을 볼 수 있는데, 그중 많은 것이 도입종이며 재래종은 흰 꽃이다. 꽃은 저녁이면 오므라들고 다음 날 피기를 3일 반복하기 때문에 '잠자는 연'이라 하여 잠잘 수(睡) 자를 붙인 '수련(睡蓮)'이라는 이름을 얻었다. 이집트에서는 '나이르의 신부'라는 애칭으로 부르며 국화로 삼고 있다.

● **꽃 피는 시기**_ 7~8월에 주로 흰색 꽃이 피는데, 꽃의 지름은 5센티미터 정도로 재배종보다 작은 편이다. 열매는 9월에 익기 시작하는데, 물 위에 떠 있다가 다 익은 후 물속으로 들어가 흙에서 썩으면서 씨가 나오고 이듬해 봄에 싹이 튼다.

● **이용**_ 연못에 관상용으로 많이 심는다. 한방에서는 꽃이 피는 시기에 식물 전체를 채취해 말리거나 그대로 쓰는데, 꽃은 여름에 더위를 잊게 하고 술독을 제거하는 용도로 사용한다. 말려서 차로 마시기도 한다. 꽃은 또 지혈제 및 강장제로 쓰이고, 진통효과가 있으며 불면증에도 처방하는 것으로 알려졌다. 뿌리는 녹색 빛을 내는 염료로 쓰는데, 방충성이 뛰어나 어린아이의 옷을 염색하는 데 많이 썼다고 한다.

● **재배 및 관리 _** 어린 모종이나 포기나누기한 개체가 뿌리를 제대로 내리고 정착하면 특별히 관리할 것이 없다. 연못에 심은 지 얼마 되지 않았을 때는 포기가 천천히 자라지만 일단 크기 시작하면 연못 전체를 메울 수 있으므로, 화분 등에 심어 번식을 제한하는 것이 좋다. 질그릇 등에 심어 실내에서 키울 때는 가는 마사토나 진흙에 심는데, 몇 년에 한 번씩은 흙을 새로 갈아주어야 한다. 증식은 포기나누기로 하면 된다.

어리연꽃

Sonon 2011

과명	용담과(Gentianaceae)	학명	*Nymphoides indica* (L.) O. Kuntze	
다른 이름	(영)Marsh Flower, Water Snowflake		개화기	8월

꽃잎이 퇴화되고 흰 꽃받침이 꽃 행세하는 어리연꽃

중부 이남의 연못과 도랑에 자라는 여러해살이풀이다. 분류상으로 볼 때 이름과 달리 연꽃이 속한 수련과가 아니라 용담과 식물이다. 뿌리는 수염 모양이고, 줄기는 물의 깊이에 따라 달라지지만 150센티미터까지 자란다. 잎은 둥글고 가운데가 심장 모양으로 깊이 파였으며, 잎자루는 짧지만 원줄기와 이어져 있어서 길게 보인다.

잎은 7~20센티미터까지 자라는데, 가장자리가 밋밋하고 표면은 광택이 있어 반짝거린다. 잎 바로 밑의 마디에서 꽃줄기가 나와 하얀 꽃이 핀다. 비슷한 식물로는 노란 꽃이 피는 노랑어리연꽃(*N. peltata*)이 있고, 잎과 꽃이 아주 작은 좀어리연꽃(*N. coreana*)은 희귀식물이다.

● **꽃 피는 시기_** 7~8월에 흰 꽃이 피는데, 가운데 부분은 노란색이다. 다섯 갈래로 갈라진 꽃부리의 안쪽과 가장자리는 하얀 털로 덮여 있다. 꽃잎은 퇴화되었다. 꽃잎으로 보이는 부분은 꽃받침이다.

● **이용_** 관상용으로 작은 연못이나 물이 있는 곳에 수련이나 연꽃 대신 심는다. 좁은 장소에서는 수련이나 연꽃이 가득 찬 것보다 어리연꽃이 더 멋스럽다고 생각하는 사람들이 늘고 있다. 특히 노랑어리연꽃이 인기다. 자배기나 옹기항아리에 심어 집 안에 들이면 멋도 있고 습도 유지에도 도움이 된다. 약으로도 쓰는데 잎·줄기·뿌리를 모두 이용하며, 간과 방광에 이로워 해열·이뇨·해독 효능이 있는 것으로 알려졌다. 부스럼이나 종기가 난 부위에 생잎을 찧어 붙이기도 한다.

● **재배 및 관리 _** 연못에서 재배할 때는 화분에 심어 물속에 넣는다. 연못에 바로 심으면 생육이 아주 왕성한 경우 연못을 다 차지할 수도 있으므로, 용기에 심어 뿌리의 발달을 제한하는 것이 좋다. 또 연못 속 물고기의 공격으로부터 보호하는 효과도 있다. 화분에 심을 때는 진흙에 부식토를 섞어 쓰고, 무게를 주기 위해 마사토를 같이 섞어준다. 어리연꽃 재배의 성공 여부는 하루에 얼마나 많이 해를 볼 수 있느냐에 달려 있다. 하루종일 빛이 잘 드는 곳에 심는 것이 좋다. 증식은 주로 포기나누기로 한다.

엉겅퀴

Lee Woon Seo

과명	국화과(Compositae)	학명	*Cirsium japonicum* var. *ussuriens* Kitamura
다른 이름	곤드레, (영)Thistle	개화기	6~8월

뛰어난 방어 전략을 가진 엉겅퀴

전국 어느 들에서나 쉽게 볼 수 있는 국화과 여러해살이풀이다. 우뚝 솟은 꽃대에 자주색 꽃이 핀 것을 멀리서도 알아볼 수 있는데, 가까이 가서 만지면 손을 찔리기 쉽다.

1미터 가까이 자라는 엉겅퀴는 조금 일찍 피는 뻐꾹채와 비슷한 모양이지만, 여러 면에서 좀 더 '까칠'하다. 줄기와 잎에 까칠한 흰색 털이 나고, 서로 어긋나게 달리는 잎사귀는 긴 타원형이지만 6~7쌍의 깃 모양으로 갈라졌으며, 갈래조각의 가장자리가 다시 갈라지면서 날카로운 가시가 돋아 물리적으로 적을 방어한다. 초여름부터 피기 시작하는 꽃은 먼저 핀 꽃이 지고 나면 옆에서 바로 다른 꽃이 올라와 잡초 속에서도 한여름 내내 꽃을 보여준다.

엉겅퀴는 스코틀랜드의 국화다. 13세기에 스코틀랜드가 바이킹의 침략을 물리치는 데 엉겅퀴가 한몫을 했다는 전설이 전한다. 약효에 대한 전설도 있다. 전쟁에 나갔다가 역병에 걸린 프랑스의 샤를마뉴 대제가 기도중 화살을 쏘아 닿는 곳에서 자라는 식물을 먹으라는 응답을 받았다고 한다. 왕을 비롯해 역병에 걸린 모든 병사가 그 식물을 먹고 치유되었는데, 그것이 바로 엉겅퀴였다.

● **꽃 피는 시기_** 6~8월에 솔방울 같은 꽃봉오리가 나와 3~5센티미터 크기의 꽃이 핀다. 언뜻 보기에 한 송이 같은 꽃이 가지와 원줄기 끝에 피지만, 사실은 수많은 통꽃(대롱꽃)이 모여 한 송이를 이룬 두상화서 꽃이다. 가을에 맺는 열매에는 민들레씨와 비슷한 씨가 있어 사방으로 날아가며 종자를 퍼뜨린다.

● **이용 _** 어린순은 나물로 먹고 약초로도 많이 사용하기 때문에, 보이는 대로 많이 채취한다. 한방에서는 대계(大薊), 자계(刺薊), 야홍화(野紅花), 산우방(山牛芳)이라 하여 해열, 지혈, 소풍 등의 효능이 있는 것으로 알려졌다. 잎과 줄기는 지혈제로 많이 쓰였고, 특히 항생제가 없던 시절에 외상이나 종기 치료에 많이 사용했다고 한다. 꽃꽂이 소재나 염료식물로도 이용된다.

● **재배 및 관리 _** 씨로 스스로 번식한다. 생명력, 번식력, 재생력이 아주 강해 별다른 관리가 필요하지 않은 식물이다. 약용 등 특별한 목적으로 재배하지 않는 한 집에서 키우는 경우는 드물다.

● **유사종 _** 우리나라 어디든 들에서 흔히 볼 수 있는 엉겅퀴지만 가시 때문에 가까이 살피지 않게 된다. 그래서 대부분 엉겅퀴의 종류가 그렇게 많다는 것을 알지 못한다. 다양한 유사종을 아는 게 그다지 중요하지는 않지만, 들에서 만난 엉겅퀴의 종류를 식별할 수 있다면 그것도 하나의 특별한 기쁨이 될 것이다.

본토와 격리되어 많은 자생종이 자라고 있는 울릉도에는 울릉엉겅퀴라고도 불리는 산엉겅퀴(*C. inundatum*)가 있고, 그 섬의 성인봉 중턱에서 발견되는 섬엉겅퀴(*C. nipponium*)는 물엉겅퀴라고도 불린다. 한국 특산식물인 제주도의 바늘엉겅퀴(*C. rhinoceros*)는 키가 25센티미터로 작지만 가시가 무섭고 딱딱한 것이 코뿔소의 뿔 같다. 흰 꽃이 피는 흰바늘엉겅퀴도 있다. 강원도 양양의 대암산에서 발견되는 도깨비엉겅퀴(*C. schantarense*)도 딱딱하고 무서운 가시를 가졌는데, 바늘엉겅퀴보다 잎과 꽃의 배열이 도깨비같이 더 산만하고 키는 50~150센티미터로 큰 편이다.

잎이 특히 가는 종류들도 있는데 전북과 북부 지방의 들에서 자라는 버들잎엉겅퀴(*C. linear*), 제주도와 남부 지방에서 자라는 좁은잎엉겅퀴(*C. japonocum var. nakainum*)는 이름처럼 잎이 가늘고 키가 1미터 정도로 자라는 한국 특산식물이다.

중부 및 북부 지방의 낮은 산간에서 자라는 큰엉겅퀴 또는 장수엉겅퀴(*C. pendulum*)는 키가 2미터까지도 자라고, 다른 엉겅퀴와 달리 가시가 부드러우며 작은 꽃들이 아래를 향해 핀다. 반면 부산 근처에서 자라는 동래엉겅퀴(*C. toraiense*)는 키가 35센티미터 정도로 작다. 강원도 산간에서 발견되는 고려엉겅퀴(*C. setidens*)는 엉겅퀴보다 꽃이 훨씬 작은데, 그 지방에서는 '곤드레'라는 이름으로 불리며 나물 중 최고로 친다.

지리산, 가야산, 구례를 비롯한 남쪽 산간에서 자라는 정영엉겅퀴는 다른 엉겅퀴들과 달리 황백색 꽃이 핀다. 그 외에도 자라는 곳이나 식물의 형태에 따라 여러 가지 이름의 엉겅퀴가 있다. 지느러미엉겅퀴(*Carduus crispus*)는 줄기에 지느러미 같은 날개가 달리는 독특한 모양인데, 신경 계통 질환에 쓰이는 약용식물로, 자생종이 아닌 외래종이며, 엉겅퀴속이 아닌 지느러미엉겅퀴속(*Carduus*)이다.

연꽃

과명	수련과(Nymphaeaceae)	학명	*Nelumbo nucifera* Gaertner
다른 이름	(영)East Indian Lotus	개화기	7~8월

불교를 상징하는 꽃, 연꽃

전국 각지의 연못에서 자라며, 농가에서 수익성 작물로 논이나 연못에서 재배하기도 한다. 흙속을 기어가며 자라는 땅속줄기는 흰색이며 몇 줄의 빈 구멍이 나 있는데, 가을이 되어 비대해지면 '연근'으로 식용한다.

잎은 땅속줄기에서 길게 올라오며, 지름이 50~60센티미터로 큰 잎이 물위에 높이 떠 있는 모습이 장관이다. 특히 잎 표면의 큐틴질 등 소수성 성질은 물이 표면에서 은방울같이 구르게 만들어 연의 아름다움을 배가시킨다. 흰색이나 붉은색 꽃이 지면 벌집 모양의 열매가 갈색으로 익는다. 그 안에 타원형 씨(蓮實)가 있는데 그 수명이 긴 것으로 유명하다. 1951년 일본에서 2,000~3,000년 된 것으로 추정되는 씨앗이 세 개 발견되었는데, 그것을 1953년 4월 도쿄박물관에 심었더니 1956년 8월 꽃이 피었다고 한다.[*]

연꽃이 지면 벌집 모양의 열매, 즉 연실 안에 타원형 종자가 맺힌다.

---

[*] 양인서, 《백화전서》, 김태정의 《우리꽃 백 가지 1》에서 재인용.

진흙 속에서도 힘차고 의연하게 솟구쳐오른 잎, 그 사이로 피어나는 순백색 또는 은은한 붉은색 꽃 등이 품위와 위엄을 상징한다. 꽃말은 '순결' 이다.

● **꽃 피는 시기 _** 7~8월에 잎자루와 뿌리줄기 사이에서 꽃대가 올라와 흰색 또는 연한 붉은색 꽃이 핀다. 흰 꽃은 백련화(白蓮花), 붉은 꽃은 홍련화(紅蓮花)라고 부른다.

● **이용 _** 식용, 약용, 관상용으로 두루 쓰이는데 특히 불교에서 중시한다. 연잎에 싸서 지은 밥은 향이 독특한 별미이고, 어린잎을 말려 만든 연잎차는 은근한 향기와 더불어 마음을 안정시킨다. 구멍이 숭숭 난 뿌리 연근은 오래전부터 식용으로 널리 애용되었다. 잎은 수렴 및 지혈제로 사용되는데, 민간에서는 야뇨증에도 쓴다. 뿌리는 강장제로, 열매는 부인병에 쓰거나 강장제로 사용한다. 잎과 꽃이 아름다워 관상용으로도 많이 재배하는데, 특히 불교를 상징하는 꽃으로 불당이나 불상, 불좌는 물론 건축물 조형에 두루 장식된다.

● **재배 및 관리 _** 뿌리가 마구 번지므로, 점질양토 등 무거운 흙을 배양토로 배수구가 없는 화분에 심어 연못에 넣는다. 종자를 심을 때는 씨껍질이 두꺼우므로 상처를 내서 심어야 한다.

용머리

Kim Hyunock. 2009.

과명 꿀풀과(Labiatae) 학명 *Dracocephalum argunense* Fisch. 개화기 6~8월

용의 머리를 닮았다는 용머리

남부와 중·북부 산지의 양지바른 풀밭에서 자라는 여러해살이풀이다. 네모진 줄기가 15~40센티미터 높이로 자라며, 아래로 향한 부드러운 털이 줄로 나 있다. 잎은 마주나고(대생) 긴 타원형 또는 달걀형인데, 끝이 뾰족하고 밑도 뾰족하며 가장자리가 뒤로 말리는 경향이 있다.

줄기 끝에 입술 모양의 남보라색 꽃이 핀다. 그 모습이 용의 머리 같다 하여 '용머리'라는 이름이 붙었다. 속명(Dracocephalum)도 그리스어로 '용(dracon)'과 '머리(cephala)'를 뜻하는 단어의 합성어다. 가끔 흰색 꽃이 발견되는데 이를 흰용머리(for. alba)라고 한다.

● **꽃 피는 시기**_ 6~8월에 남보라색 입술 모양 꽃이 줄기 끝에 여러 송이 꽃자루 없이 이삭 모양으로 달린다(穗狀花序). 꽃잎의 윗입술 부분은 끝이 파여 있고, 아랫입술은 세 갈래로 갈라진다.

● **이용**_ 남보라색 꽃이 아름다워 여름 화단에 많이 등장한다. 잎은 결핵 치료용으로 쓰인다. 민간에서는 배설을 좋게 하고자 할 때 쓴다. 잎을 비비면 향긋한 냄새가 나는데, 그래서 향료로도 이용한다.

● **재배 및 관리**_ 배수가 잘 되고 부식질이 풍부한 사질양토에서 잘 자라지만, 토양을 특별히 가리지는 않는다. 오히려 흙에 영양이 과다하면 키가 너무 자라 넘어질 우려가 있으므로 주의한다. 번식은 씨뿌리기나 포기나누기로 한다. 포기나누기는 이른 봄이나 10월에 하는 것이 좋다.

원추리

Kim Hyunook. 2009.

과명	백합과(Liliaceae)	학명	*Hemerocallis fulva* L.
다른 이름	의남초, (영)Day Lily	개화기	6~8월

꽃의 수명이 하루뿐인 원추리

전국의 산과 들에 자라는 백합과 식물이다. '원추리'는 순수 우리말 같지만, 중국어에서 유래된 것으로 보인다. 중국명 '훤초(萱草)'에서 시작해 훤초→원초→원추→원추리로 변한 것이라고 추정한다.

속명(Hemerocallis)은 '하루(day)'라는 뜻의 그리스어(bemelos)와 '아름답다'를 뜻하는 단어(kallos)를 합성한 것으로, 꽃이 하루 동안 피었다 진다고 해서 붙여진 이름이다. 영어로는 '하루백합(Day Lily)'이다.

'의남초(宜男草)'라는 별명으로 불리기도 하는데, 이는 임신한 여인이 원추리를 품고 다니면 아들을 낳는다는 중국 이야기에서 유래된 이름으로, '의남'이란 아들을 많이 낳은 여인을 가리키는 말이라고 한다. 동양화 중 바위 옆에 원추리가 보이는 그림이 많은데, 이는 생남장수(生男長壽)를 비는 그림으로 여인의 방에 주로 건다. 원추리는 의남(宜男)을 상징하고 바위는 십장생의 하나로 장수를 뜻한다.

● **꽃 피는 시기**_ 6~8월에 노랑에서 주황색의 나팔 모양 꽃이 피어 뒤로 젖혀진다. '하루백합'이라고 하지만 두 달 동안 계속 피고 진다. 자가불화합성 때문에 종자가 잘 맺히지 않지만, 다른 종과 교배되어 검은색 종자가 맺히기도 한다.

● **이용**_ 어린잎은 나물로 먹으며, 뿌리는 훤초근(萱草根)이라 하여 배설을 좋게 하는 것으로 알려졌다. 이뇨제·지혈제로 쓰며, 대하·황달 등에 처방한다.

● **재배 및 관리 _** 밝은 반그늘 내지 양지에서 잘 자란다. 비옥하고 배수가 잘 되는 사질양토가 좋으나 비교적 토양을 가리지 않는 편이다. 건조에도 잘 견디고 노지에서 월동한다. 번식은 포기나누기로 한다. 꽃이 진 다음 꽃대를 자르고 잎을 정리해주면 새순이 돋아나 가을까지 보기 좋다. 원추리를 재배할 때 문제점은 커다란 진딧물 종류가 생긴다는 것이다. 신경 써서 방제를 해주어야 한다.

훌륭한 먹거리, 원추리

'넘나물'이라고도 불리는 원추리는 훌륭한 먹거리 재료이다. 봄철에 갓 돋은 어린순은 대표적인 산나물로, 살짝 데쳐 나물로 먹는다. 옛사람들은 망우초(忘憂草)라는 이름으로 부르기도 했다. 달고 시원한 맛을 가진 잎을 말려 정월대보름에 국을 끓여 먹으며 지난해의 우울했던 일들을 잊어버렸다. 뜯을 때 밥과 함께 익혀 양념장과 먹기도 하고 튀김, 장아찌, 술을 담그기도 한다.

> **장아찌** 연한 원추리 잎을 깨끗이 씻어 물기를 뺀다. 간장, 식초, 담금소주, 매실청(혹은 설탕)을 같은 비율로 섞은 간장소스를 마련한다. 용기에 원추리 잎을 차곡차곡 넣은 후 간장소스를 붓고 서늘한 곳에 둔다. 담근지 3일 이후부터 먹을 수 있다.

> **원추리 술** 원추리 뿌리에 소주를 3배 정도 부은 뒤, 3개월 이상 숙성시켜 마시면 관절염에 좋다.

> **꽃차와 녹즙** 원추리 꽃을 샐러드에 넣어 먹기도 하고 차로 마시기도 한다. 원추리 잎은 훌륭한 녹즙 재료가 되며, 맛이 익숙치 않을 때는 꿀을 살짝 넣어 마신다.

으아리

2011. 2 Eun Jung

과명	미나리아재비과(Ranunculaceae)	학명	*Clematis manchurica* Rupr.
다른 이름	클레마티스, (약)위령선	개화기	7~8월

덩굴성 식물 으아리

원종에서 개발된 다양한 형태와 꽃색의 재배종 클레마티스(Clematis)가 널리 보급되고 있다. 그래서 으아리가 우리나라 산지에서 자란다는 사실이 다소 생소하지만, 우리나라 전국 산지의 양지바른 곳에 여러 종이 분포되어 있다.

속명(Clematis)은 그리스어로 '어린가지(clema)' 또는 '덩굴(klema)을 뜻하는 단어에서 유래되었다. 어린가지와 같이 길고 부드럽게 뻗어가는 특성을 표현한 것이다. 그 이름에서 읽을 수 있듯이, 으아리는 덩굴성 목본식물이다. 잎은 마주나며(대생) 5~7매의 작은 잎으로 구성된 깃꼴겹잎이다. 잎자루가 구부려져 덩굴손과 같은 역할을 한다.

● **꽃 피는 시기_** 7~8월에 잎겨드랑이에서 새로 돋아난 가지 끝에 2센티미터 정도의 흰 꽃이 핀다.

● **이용_** 어린잎은 먹기도 한다지만 주로 관상용으로 울타리나 창문가에 올린다. 한방에서는 위령선(威靈仙)이라 하여, 담을 삭이고 기를 잘 돌게 하며 통증을 없애는 효과가 있다고 한다. 류머티즘성 관절염과 신경통에 처방한다.

● **재배 및 관리_** 배수가 양호하고 부식질이 풍부한 사질양토에 심는다. 반그늘에서도 자라지만 햇빛을 충분히 받아야 꽃이 크고 아름답다. 덩굴성 식물이므로 지지대를 세워주거나 울타리 등을 타고 올라가도록 한다. 씨뿌리기 또는 꺾꽂이로 번식하지만, 꺾꽂이를 할 때 뿌리가 잘 내리지 않

고 종자 발아도 쉽지는 않다. 씨를 받아 모래와 1대 3으로 섞어서 땅에 묻어 겨울을 지내고(저온처리 효과) 이듬해 봄에 파종하면 여름에 싹이 튼다.

● **유사종 _** 우리나라에는 클레마티스속 식물이 16종·8변종·3품종 자라고 있는데, 모두 화훼원예 식물 개발에 중요한 유전자원이다. 미국을 비롯한 서구에서는 클레마티스의 관상가치를 인식하고 일찍이 육종에 힘을 쏟아, 지금은 화려한 꽃색과 종에 따라 다른 향기를 풍기는 다양한 클레마티스를 개발해냈다. 많은 가정에서 한 가지 이상의 클레마티스를 재배하고 있으며, 클레마티스만을 다루는 책도 여러 권 나와 있다.

우리나라에 자생하는 으아리 중 주목을 받고 있는 것은 큰꽃으아리(*C. petens*)로, 꽃의 크기가 10~15센티미터에 달하는 흰 꽃이 핀다. 참으아리(*C. peniculata*)는 3센티미터 정도의 흰 꽃이 피고, 자주종덩굴(*C. ochotensis*)과 세잎종덩굴(*C. koreana*)은 자주색 계열의 꽃이 피며, 개버무리(*C. serratifolia*)는 연황색 꽃이 핀다. 모두 클레마티스의 꽃색에 변화를 가져올 수 있는 좋은 유전자원이다.

이질풀

Sook-Kyung Nam 2011

과명	쥐손이풀과(Geraniaceae)	학명	*Geranium thunbergii* Sieb. et Zucc.
다른 이름	(약)현초	개화기	8~9월

이질과 설사에 효과가 있는 이질풀

우리나라 거의 전역에서 산과 들의 습기 있는 곳에 자라는 쥐손이풀과 여러해살이풀로, 온몸에 털이 있다. 옆으로 비스듬히 또는 기면서 자라고, 잎은 마주나며(대생) 한 번 세 갈래로 갈라지고, 양쪽의 갈래조각에서 다시 두 갈래로 갈라져 모두 다섯 갈래로 보인다.

이질과 설사에 효과가 있다 하여 '이질풀'이라는 이름이 붙었다. 속명 (Geranium)은 '학'이라는 뜻의 그리스어(geranos)에서 유래했는데, 길쭉한 열매가 하늘을 향해 자란 모습이 학의 부리 같다 하여 붙여진 이름이다.

같은 쥐손이풀과에 속하는 쥐손이풀과 모양이 비슷해 혼동하기 쉬운데, 쥐손이풀은 한 개의 큰 뿌리가 있는 반면 이질풀은 뿌리가 여러 갈래로 갈라진 점이 다르다. 또 이질풀의 줄기털은 옆을 향하고 잎의 톱니가 위쪽에만 있는 데 비해, 쥐손이풀은 줄기털이 아래를 향하고 잎의 갈라진 조각 전체에 톱니가 있다.

● **꽃 피는 시기 _** 8~9월에 잎겨드랑이에서 두 송이씩 분홍색 꽃이 핀다. 꽃잎과 꽃받침이 각각 다섯 장이다. 꽃이 진 후 9월부터 길쭉한 모양의 열매가 위를 향해 달린다.

● **이용 _** 약으로 많이 쓰인다. 한약명은 현초(玄草)라 하여, 설사를 멈추고 열을 내리고 독을 푸는 효능이 있다고 알려졌다. 관상용으로도 재배하지만 한번 자리를 잡으면 주위를 전부 차지해 골칫거리가 될 수 있다.

● **재배 및 관리 _** 어떤 땅에서나 잘 자란다. 햇빛이 잘 드는 곳에서 번창

하나 반그늘에서도 잘 자란다. 그늘이 짙은 곳을 제외하면 환경 적응성이 뛰어나 재배할 때 특별히 염려할 점이 없다. 다만 영양분이나 수분이 많으면 너무 무성해지므로, 척박한 땅에 심거나 경계를 만들어주어야 한다.

● **유사종 _** 우리나라 특산식물인 둥근이질풀(*G. koreanum*)은 이질풀에 비해 키가 크며, 연한 분홍색 꽃이 크고 예쁜 편이다. 선이질풀(*G. krameri*)은 크고 아름다운 연분홍색 꽃이 피는데, 꽃잎에 진한 자주색 줄이 있다.

8월에 자주색꽃이 피는 우리나라 특산식물인 참이질풀(*G. koraiense*)은 1911년, 일본학자 나카이(Nakai)가 발견 등록한 이질풀로 전라남도, 강원도 태백산 일대와 이북 지역까지 분포한다. 반면 섬참이질풀(*G. koraiense var. chejuense*)는 제주 한라산에 분포하며 2002년 우리나라 학자들(Park & Kim)에 의해 발견되어 등록되었다.

잔대

| 과명 | 초롱꽃과(Campanulaceae) | 학명 | *Adenophora triphylla var. japonica* Hara | 개화기 | 7~9월 |

연보라색 작은 종 모양 꽃이 피는 잔대

전국의 산과 들 양지바른 곳에 흔히 자라며 농가에서 재배하기도 하는 여러해살이풀이다. 도라지처럼 굵은 뿌리가 있고, 줄기는 40~120센티미터 높이로 곧게 자란다. 자르면 유액이 나온다. 뿌리에서 바로 나온 뿌리잎은 원 모양으로 줄기잎과 아주 다르며 가장자리에 톱니가 있다. 뿌리잎은 꽃이 필 때쯤 없어지고 줄기잎이 나온다. 줄기잎은 마주나기도(대생) 하고 어긋나기도(호생) 하며 3~5매가 돌려나기도(윤생) 한다. 긴 타원형, 피침형, 넓은 선 모양 등 잎의 모양과 크기가 다양하다.

● **꽃 피는 시기**_ 7~9월에 원줄기 끝에 작은 종 모양의 연보라색 꽃이 여러 송이씩 엉성하게 뭉쳐핀다. 꽃부리의 끝이 다섯 갈래로 갈라져 뒤로 젖혀진다.

● **이용**_ 연한 부분과 뿌리를 생으로 먹는다. 식물체에 상처를 내면 하얀 유액이 나오는 것이 도라지나 더덕 같으나, 이들과 달리 독특한 맛이나 향이 없다. 한방 및 민간에서는 뿌리를 사삼(沙蔘)이라 하여 경기와 한열(寒熱)에 쓰고, 해독·거담제 등으로 다른 약재와 함께 처방한다. 꽃이 아름다워 관상용으로도 많이 재배한다.

● **재배 및 관리**_ 흙을 가리지 않으나 배수가 잘 되고 빛이 잘 드는 사질양토 환경을 좋아한다. 섬잔대처럼 키가 작은 것은 화분에서 키워도 좋다. 화분에 심을 때는 굵은 마사토를 밑에 깔고 중간 크기의 마사토에 부엽(없을 때는 시판 배양토)을 30퍼센트 정도 섞어 심는다. 키가 너무 크지 않도록

건조한 듯이 키우고 햇빛이 잘 드는 곳에 둔다. 이른 봄에 분갈이와 더불어 포기나누기를 한다. 씨뿌리기로도 번식시킬 수 있다.

● **유사종 _** 우리나라에는 여러 종류의 잔대가 있는데, 이들을 총칭해 '잔대'라고 부른다. 둥근잔대, 수원잔대(꽃잔대), 도라지잔대, 섬잔대, 톱잔대, 털잔대, 층층잔대 등. 분포지를 상징하는 섬잔대(*A. taquetii*)는 제주도 한라산에서 자생하며 키가 20~25센티미터로 자라는 한국 특산식물이다. 하얀 꽃이 피는 흰섬잔대 또한 우리나라 특산식물이다. 또 다른 한국 특산 식물인 톱잔대(*A. curvidens*)는 잎이 잔대에 비해 매우 좁다. 층층잔대(*A. verticillata*)는 꽃차례가 층층이 돌려난다.

절굿대

| 과명 | 국화과(Compositae) | 학명 | *Echinops setifer* Iljin | 개화기 | 7~8월 |

엉겅퀴를 닮아 가시로 찌르는 절굿대

　제주도와 다도해의 여러 섬을 포함해 빛이 잘 드는 산기슭의 풀밭에서 자라는 여러해살이풀이다. 분포지가 넓지 않고 심하게 격리되어 분포하며, 국외로는 일본 남부 지방에 있으나 드물다. 키는 1미터 정도고, 가지가 약간 갈라지며 흰 털이 나 있어서 전체가 솜으로 덮인 것 같다. 잎은 어긋나며(호생) 엉겅퀴처럼 깃 모양으로 깊게 갈라지고 가시가 달린 톱니가 있다. 중부 이북에서 발견되는 큰절굿대(E. latifolius)는 가시가 많고 크다.

　● **꽃 피는 시기**_ 7~8월에 지름 5센티미터 정도의 꽃이 원줄기와 가지 끝에 핀다. 보라색(藍紫色)의 대롱꽃(통꽃)으로 이루어진 머리 모양 꽃차례(頭狀花序)를 갖는다. 잔 꽃의 길이는 14~21밀리미터이고, 끝이 다섯 갈래로 갈라져 밑으로 젖혀지며, 암술대가 길게 꽃부리 밖으로 뻗는다.

　● **이용**_ 꽃은 관상용, 뿌리는 약용으로 쓴다.

　● **재배 및 관리**_ 외국에서는 에키놉스속이 원예종으로 개발되어 많이 재배되고 있다. 식물 자체로도 관상가치가 높고, 또 꽃대를 말리면 딴딴하게 제 모양을 유지하므로 좋은 원예장식 소재가 된다. 우리나라에서는 구하기가 어렵지만, 자생지에서 종자를 구해 번식시키고 재배법을 확립할 필요가 있다. 외국 원예종은 토양을 가리지 않고 배수가 잘 되는 양지바른 곳에 심는다. 이른 봄에 포기나누기를 하거나 씨뿌리기로 증식한다.[*]

---

[*] Hudak, J., *Gardening with Perennials Month by Month*, p. 205, Timber Press, USA, 1993.

쪽

錢都姬

과명 마디풀과(Polygonaceae)   학명 *Persicaria tinctoria* H. Gross   개화기 8~9월

파란 하늘빛으로 물들이는 염료식물, 쪽

우리는 흔히 청아한 가을 하늘을 표현할 때 '쪽빛'이라 하지만, 쪽이 무엇인지 아는 사람은 그리 많지 않다. 쪽은 예로부터 그 잎이 남색을 내는 염료식물로 애용되었다. 그래서 주변 산과 들에 많았다고 하지만, 지금은 야생 쪽은 거의 사라지고 특수 목적으로 재배하고 있을 뿐이다.

여뀌와 같은 속(*Persicaria*)으로, 그 모습이 매우 비슷하다. 여뀌는 좁쌀알만 한 작은 꽃이 다닥다닥 붙어 이삭 같은 꽃차례로 꽃이 피는 데 비해 쪽은 듬성듬성 나는 편이다. 줄기는 40~60센티미터로 자라고 마디풀과인 만큼 마디가 잘 발달되어 있다. 잎은 어긋나고(호생) 긴 타원형인데 여뀌 잎보다 끝이 둥근 편이다. 우리나라 자생식물이라 생각하기 쉽지만, 실은 중국이 원산지로 오랫동안 우리 토양에 적응해 토착화된 토종식물이다.

● **꽃 피는 시기_** 8~9월에 가지 끝 이삭 모양 꽃차례에 분홍색 꽃이 자잘하게 핀다.

● **이용_** 잎을 남색(쪽빛) 염료로 쓴다. 약으로도 이용되었다. 쪽잎을 우려낸 물에 석회를 넣어 만든 것을 청대, 그 침전물을 남전이라 한다. 청대는 폐열에 의한 기침과 가래, 고열로 인한 소아경풍에 쓰고, 열을 내리고 독을 푸는 효과가 있어 피부발진이나 각혈 등에도 처방했다. 남실(쪽의 열매)은 인후통, 발진, 종독을 제거하는 데 이용한다.

● **재배 및 관리_** 토양을 별로 가리지 않으며, 밝은 반그늘에서 잘 자란다. 주로 씨뿌리기로 증식하는데 포기나누기로도 번식시킬 수 있다.

참나리

Sook-Kyung Nam 2011

과명	백합과(Liliaceae)	학명	*Lilium lancifolium* Thunb.
다른 이름	호랑나리, (영)Tiger Lily	개화기	6~8월

호랑이 무늬를 가진 나리 중의 으뜸 나리, 참나리

야생나리 중 가장 대표적인 나리다. 붉고 큼직한 꽃이 줄기 끝에 4~20
송이 소담스럽게 핀 모습은 참으로 아름답다. 꽃잎에 검은 자주색 반점이
점점이 박힌 모습이 호랑이를 닮았다고 해서 '호랑나리(虎皮百合)'라고도
불리는데, 영어이름도 '타이거 릴리(Tiger Lily)'다.

땅속에는 주먹만 한 비늘줄기가 있다. 그 비늘줄기에서 굵고 튼실한 줄
기가 1~2미터까지 곧게 뻗으며, 줄기는 검은 자줏빛이 돌고 어릴 때는 흰
색 털로 덮여 있다. 잎은 잎자루 없이 어긋나며(호생) 피침형이다. 잎겨드랑
이에 짙은 갈색의 주아(珠芽)가 달렸다가 땅에 떨어져 싹이 터서 새 나리가
자란다.

● **꽃 피는 시기**_ 6~8월에 붉고 큼직한 꽃이 소담스럽게 핀다. 꽃잎에
자주색 반점이 점점이 박혀 있다.

● **이용**_ 식용, 약용, 조경 소재로 널리 쓰인다. 주아나 알뿌리를 찌거나
구워 먹고, 어린순은 나물로 먹었다. 한방 및 민간에서는 권단(卷丹)이라
하여 강장, 자양, 건위, 종독, 진해 등의 용도로 다른 약재와 함께 처방한다.
꽃이 아름다워 조경 소재로 많이 쓰이며 꽃꽂이용 절화로도 인기가 있다.

● **재배 및 관리**_ 대부분 키가 크기 때문에 화분에 심기보다는 노지에 모
아심는 것이 좋다. 낱개로 심긴 것보다 군락을 이뤄 꽃이 피면 보기가 참
좋다. 가을에 알뿌리를 햇빛이 잘 들고 물빠짐이 좋은 토양에 심거나 봄에
모종을 구입해 심는다. 흙이 딱딱하고 물빠짐이 좋지 않을 때는 완숙퇴비

와 굵은 마사토를 섞어서 본래의 흙에 충분히 넣어 땅을 부드럽게 만든 후 알뿌리를 심는다. 알뿌리는 15센티미터 이상 깊이로 심고 바크나 볏짚 등을 덮어 보온한다.

노지에 심었을 경우에는 물주기에 크게 신경을 쓰지 않아도 되지만, 날씨가 아주 가물면 물을 줘야 한다. 햇빛을 좋아하지만 직사광선에 하루종일 직접 노출되는 곳보다 아침이나 저녁에 약간씩 그늘이 지는 곳에서 더 잘 자란다. 10~25도에서 잘 자라고, 꽃이 지고 난 혹서기에는 휴면한다. 이때 잡초도 예방하고 땅속의 비늘줄기를 시원하게 해주기 위해 왕겨, 바크, 우드칩 등을 덮어준다.

나리류를 번식시키려면 씨를 통한 유성번식, 비늘줄기나누기·비늘줄기조각꽂이(鱗片揷) 등의 무성번식 방법을 이용할 수 있는데, 참나리는 잎겨드랑이에 주아가 생기므로 이를 이용해 증식하기도 한다.

씨앗은 받은 즉시 뿌리거나 이듬해 봄에 뿌린다. 4월 초순 정원에 뿌리면 5월 중순이면 옮겨심을 수 있는 크기의 모종으로 자란다. 씨뿌리기로 번식하는 방법은 균일한 모종을 대량으로 얻을 수 있을 뿐만 아니라 인공교배를 통해 품종을 개량할 수 있는 장점이 있다.

나리류는 땅속에 묻힌 비늘줄기 주위에 새로운 비늘줄기(目子)가 생기는데, 나리의 지상부가 죽어갈 때 이들을 캐 나눠 심고 적절하게 비료를 주면서 관리하면 이듬해 꽃이 핀다.

참나리는 스스로 열매를 맺는 일이 거의 없으나 잎겨드랑이에 주아가 생긴다. 꽃봉오리가 커질 무렵부터 잎겨드랑이에 까만 구슬 같은 주아가 생겨 땅에 떨어진다. 참나리가 군락을 쉽게 이루는 것은 바로 이 주아가 땅에 떨어져 새로운 포기로 쉽게 자리잡기 때문이다. 균일한 모종을 대량 키우려면 주아가 다 흩어지기 전에 따서 모아 파종상자에 따로 심어 키운

잎겨드랑이에 난 까만 구슬 같은 주아를 따서 파종상
자에 심으면 균일한 모종을 대량 얻을 수 있다.

다. 파종상자에는 마사토에 혼합토를 조금 섞은 흙을 채우고 주아의 뾰족
한 부분이 위로 가게 하나하나 꽂아심듯이 놓는다. 주아는 흙으로 깊이 덮
어주지 않는다.

　나리류의 비늘줄기는 옮겨심을 때 쉽게 떨어지는데, 이를 모아 번식시
킬 수 있다. 또 굵은 구근에서는 20~30개의 비늘줄기조각을 얻을 수 있으
므로, 이들을 마사토와 질석을 섞은 흙에 비스듬히 꽂아놓는다. 5~8주가

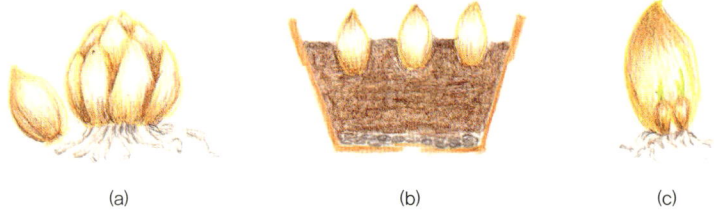

|　　　(a)　　　　　　　　　　(b)　　　　　　　　　　(c)|
비늘줄기조각을 하나씩 떼어(a) 화분에 꽂아두면(b) 새싹이 나온다(c). 비늘줄기조각은 후에 말라버린다.

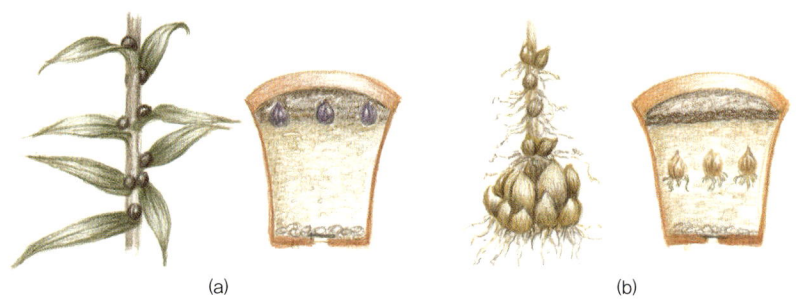

(a) (b)

나리류는 주아나 땅속 비늘줄기의 자구를 이용해 번식시킬 수 있다. 주아를 심을 때는 깊이 묻지 않고 주아 끝이 살짝 보일 정도로 흙을 덮어준다(a). 반면 자구를 심을 때는 자구 크기의 세 배 정도로 흙을 덮어준다(b).

지나면 새싹이 보이기 시작한다. 이식하기에 적당한 크기가 되면 재배할 장소로 옮겨 정식한다.

● **유사종** _ 나리속은 백합과(Liliaceae)에 속하는 식물들로, 북반구 온대 지역에 130여 종이 분포하고 있다. 우리나라에는 20여 종이 산과 들에서 자란다. 나리류는 한국, 일본, 중국 등 동아시아에 주로 분포한다. 특히 우리나라의 참나리를 비롯한 자생 나리류는 육종자원으로서의 가치가 높기 때문에 세계의 주목을 받고 있다. 이미 많은 나리류가 해외로 반출되었다.

나리속 식물에서 잎이 어떻게 배열되고, 꽃이 어느 방향을 향해 피는가는 매우 중요한 요소다. 줄기에 잎이 동그랗게 돌려나면(윤생) 말나리류, 잎이 어긋나면서(호생) 꽃이 하늘을 향하면 하늘나리, 땅을 향하면 땅나리, 중간 정도면 중나리라 한다. 잎이 솔잎처럼 가늘며 꽃이 분홍색인 것은 솔나리라고 부른다.

많은 사람의 사랑을 받고 있는 향기 높은 흰 백합을 비롯해 화려한 꽃색을 가진 수많은 나리류는 야생종이 아니라 사람들이 야생종을 개량해 만

종류	초장 (cm)	잎나기	개화기 (월)	꽃색	분포지
참나리 (L. lancifolium)	100~200	어긋나기	6~8	황적	전국 각지의 산야
하늘나리 (L. concolor)	30~90	어긋나기	6~7	진홍	경기-강원도 이북 산지의 산기슭
날개하늘나리 (L. maculatum)	30~90	어긋나기	7~8	황적	전북(덕유), 강원(태백), 독도 등의 중부 이북 산악지대
땅나리 (L. callosum)	30~90	어긋나기	7~8	주황	황해-강원도 이남에서 제주도에 이르는 산지의 풀밭
중나리 (L. leichtlinii)	50~100	어긋나기	7~8	주황	중부 이남의 산지, 초원
털중나리 (L. amabile)	100~120	어긋나기	6~7	주황	울릉도, 제주도를 포함한 전국 산지의 숲속
말나리 (L. distichum)*	30~90	돌려나기	7	황적	전국 산지 숲 가장자리 등의 습하고 그늘진 곳
하늘말나리 (L. tsingtauense)	100~120	돌려나기	7~8	황적	금강산, 지리산 등의 높은 지대
섬말나리 (L. hansonii)**	60~150	돌려나기	6	황	울릉도, 독도
솔나리 (L. cernuum)	30~80	어긋나기	7~8	분홍	경남 가야산 이북에서 함경도에 이르는 태백산 줄기

＊ 말나리의 영어이름이 '고창나리(Kochang Lily)'라는 것이 흥미롭다(McRae, E. A., Lilies, p. 133, Timber Press, 1998). 말나리는 일본인 나카이가 1915년에 분류 등록했다.
＊＊ 섬말나리의 원산지가 울릉도, 독도 및 금강산이라고 맥레이(E. A. McRae)가 기록했다(위의 책 137p). 그러나 그는 유감스럽게도 독도를 다케시마로 표기하고, 독도는 괄호 안에 넣었다. 바로잡아지기를 바란다.

들어낸 원예종이다. 우리나라에 자생하는 야생종은 이들을 육성하는 데 중요한 유전자원으로 활용되고 있다. 324쪽 표는 우리나라 자생 나리속의 특성을 정리한 것이다.

주요 나리를 좀 더 자세히 살펴보자.

날개하늘나리(*L. maculatum*)는 중부 이북 산지의 숲속이나 산기슭에서 자라는 백합과 식물이다. 나리류는 꽃이 땅을 향하거나 비스듬히 피는 것이 대부분인데, 날개하늘나리의 꽃은 하늘을 향해 피기 때문에 이런 이름이 붙었다. 잎의 모양도 다른 나리류와 다르다. 하단부에서는 잎이 원을 그리고, 상단부로 올라오면서 하나씩 잎이 나온다. 줄기 아래쪽에는 보라색 반점이 산재하며, 꽃색은 황적색으로 짙고 연한 변화가 많다. 하늘나리와 다른 점은 꽃잎끼리의 간격이 벌어져 틈새가 보인다는 점이다. 관상용식물로 재배하거나 지피식물로 모아심기도 한다. 비늘줄기는 봄·가을에 구워 먹기도 하고, 뿌리 또는 잎과 줄기가 약재로 사용된다. 해열, 지혈,

| 날개하늘나리 | 섬말나리 | 솔나리 |

진해, 거담, 건위의 효능이 있다고 한다.

섬말나리는 울릉도와 독도에 자생하는 여러해살이풀이다. 비늘줄기를 가지고 있는데, 달걀형에 약간 붉은 기가 돈다. 6~10매의 잎이 줄기 마디에 2~4층으로 돌려나며, 위쪽에는 작은 잎이 어긋난다. 꽃은 다른 나리보다 먼저 6월에 피고, 꽃색은 짙은 노란색이다. 줄기 끝에 달린 꽃이 약간 고개를 숙인 채 피는 것이 말나리와 다른 점이다. 꽃잎은 여섯 장으로 안쪽에 갈색 반점이 있다. 화사한 노란색 꽃의 관상가치가 높아 외국에서 섬말나리를 이용한 품종개발이 활발히 진행되고 있다.

솔나리는 잎이 다른 나리들에 비해 좁고 작은 것이 솔잎을 닮았다고 해서 붙여진 이름이다. 키는 80센티미터 미만이고, 비늘줄기는 타원형이다. 잎은 어긋나며 위로 올라갈수록 짧고 좁아진다. 높은 산 양지바른 곳에서 자라며 7~8월에 개화한다. 꽃은 분홍색으로 밑을 향해 피며, 안쪽에 자주색 반점이 있다. 꽃잎이 뒤로 말리고 암술과 수술은 꽃 밖으로 길게 나온다. 9월에 열매가 성숙하는데, 세 개로 갈라져 갈색 종자가 나온다. 현재 한국의 희귀종으로 분류되어 있고, 분홍색 꽃잎을 갖는 특성이 백합과의 원예종 육성에 중요한 유전자원으로 쓰인다. 고온에 약한 편이다. 솔나리 중 흰 꽃이 피는 것을 흰솔나리(for. *candidum*), 검은빛을 띤 자홍색 꽃이 피는 것을 검은솔나리(for. *atropurpureum*)라고 한다.

창포

| 과명 | 천남성과(Araceae) | 학명 | *Acorus calamus* var. *angustatus* Bess | 개화기 | 6〜7월 |

단오에 머리 감던 풀, 창포

지금은 좀처럼 눈에 띄지 않지만, 얼마 전까지만 해도 전국의 연못이나 개울가 습지에서 쉽게 접할 수 있었던 여러해살이풀이다. 통통하고 마디가 많은 하얀 뿌리줄기가 옆으로 뻗는다. 긴 칼 모양의 잎이 뿌리줄기 끝에서 마주나며(대생), 길이 70센티미터에 너비 1~2센티미터이고 중간맥이 뚜렷하다. 꽃은 육수화서(肉穗花序)로 피는데, 그다지 아름답지는 않다. 이를 의미하듯 속명(*Acorus*)은 '장식'이라는 뜻의 단어(*corus*) 앞에 부정의 접두어 'a'를 붙였다.

우리 선조들은 음력 5월 5일 단옷날에 창포의 뿌리와 잎을 끓인 물에 머리를 감고 목욕을 하면 피부나 머릿결이 비단결같이 고와질 뿐 아니라 액을 물리치고 무병한다는 믿음을 가지고 있었다. 창포의 흰 땅속줄기를 깎아 비녀를 만들어서 목숨 수(壽), 복 복(福) 자를 새겨 꽂기도 했다고 한다.

창포라는 이름이 붙은 것 중 꽃창포(204~207쪽)가 있어 혼동하기 쉬운데, 이는 창포와 아무 연관이 없는 식물이다. 중간맥이 뚜렷한 칼 모양 잎을 가진 것이 비슷하지만, 창포는 천남성과인 반면 꽃창포는 붓꽃과의 아이리스속(*Iris*)이다. 우리나라에 자생하는 또 다른 창포는 석창포(*A. gramineus*)로, 창포에 비해 작고 잎에 흰 줄무늬가 있는 것도 있어 물가 장식에 좋은 재료로 쓰인다.

● **꽃 피는 시기** _ 6~7월에 황록색의 작은 양성화가 뭉쳐서 이삭 모양의 꽃차례를 이룬다. 꽃줄기는 잎처럼 생겼으나 잎보다 짧고, 끝의 한쪽에서 기둥처럼 생긴 꽃이 나온다.

● **이용** _ 땅속줄기는 약 또는 향료로 쓰이고, 잎도 향료로 쓰인다. 향기가 나는 뿌리줄기를 목욕할 때 사용하는 등 잎을 포함해 방향식물로 가치가 높다. 한방에서는 뿌리줄기를 백창(白菖)이라 하여 건망증, 정신 흐린 데, 설사 등에 처방한다.

● **재배 및 관리** _ 햇빛이 잘 드는 습한 땅에서 기른다. 습지가 아닌 보통 흙에서도 물만 잘 주면 잘 자란다. 포기나누기로 증식한다.

체꽃

2008 *g. Lee*

과명	산토끼풀과(Dipsacaceae)	학명	*Scabiosa mansenensis* for. *pinnata* Nakai		
다른 이름	(약)산라복, (영)Pincushion Flower, Scabious			개화기	8월

이루어질 수 없는 사랑, 체꽃

중북부 지방에 분포하며, 산의 양지바른 풀밭에서 자라는 두해살이풀이다. 설악산, 대암산 등에서 발견된다. 키가 60~90센티미터이고, 줄기는 여러 갈래로 갈라져 많은 가지를 친다. 잎은 마디마다 마주나며(대생) 깃털 모양으로 갈라지는데, 위로 올라갈수록 더 가늘게 갈라진다.

우리 이름 '체꽃'은 꽃의 모양이 체의 구멍처럼 퐁퐁 뚫려 있는 데서 유래되었다고 한다. 반면, 속명(Scabiosa)은 '옴'을 뜻하는 라틴어(scabies)에서 유래했는데, 이 속 중에 피부병을 치료하는 식물이 있기 때문이다.

체꽃은 '이루어질 수 없는 사랑'이라는 꽃말이 유래된 전설을 가지고 있다. 양치기 소년의 동네에 전염병이 돌았는데, 약초를 구하기 위해 헤매다 지쳐 쓰러진 소년을 요정이 약초를 먹여 살려냈다. 소년을 사모하게 된 요정은 소년이 약초를 더 구해 온 마을 사람들을 구할 수 있도록 도와주었다. 그런데 소년은 얼마 후 약초를 먹고 건강을 되찾은 아가씨와 결혼하게 되었다. 이 사실을 안 요정은 깊은 상처를 입고 죽었다. 사랑을 이루지 못하고 죽음에 이른 요정을 불쌍히 여긴 신이 예쁜 꽃으로 피어나게 했다고 한다.

● **꽃 피는 시기_** 8월에 가지 끝에서 한 송이씩 꽃이 피는데, 지름은 5센티미터 안팎이다. 두상화서로 피는데, 국화나 해바라기처럼 가장자리는 설상화(舌狀花)가 둘러싸고 가운데에는 통상화(筒狀花)가 있다. 꽃색은 보라색, 하늘색 등이다.

● **이용_** 주로 화단에 심어 관상하며 화분에 심어도 보기 좋다. 어린싹

과 잎을 나물로 먹는다. 약으로도 쓰이는데, 산라복(山蘿蔔)이라 하여 위장
병·폐렴·설사·두통 등에 처방한다고 했으나, 속명이 의미하는 피부병에
대한 효과는 언급되지 않았다.

● **재배 및 관리** _ 부식질이 풍부한 사질양토에서 잘 자란다. 산모래에
부엽을 20퍼센트 정도 섞어 화분흙으로 사용한다. 두해살이풀이기 때문에
포기나누기는 의미가 없고, 3~4월에 씨를 뿌려 싹이 나면 6월에 다른 분
으로 옮겨심는다. 씨를 뿌린 해에는 꽃이 피지 않고, 이듬해까지 기다려야
한다. 양지식물로 노지에서 월동이 가능하지만 심하게 얼지 않도록 주의
하면 늦은 여름에 꽃을 볼 수 있다.

구름체꽃

● **유사종** _ 우리나라에는 체꽃의 변이종으로 솔체꽃(*S. mansensis*), 구름체꽃(*S. mansenensis* for. *alpana*), 민둥체꽃(*S. mansensis* for. *zuikoensis*) 세 종류가 자생한다. 솔체꽃은 체꽃과 달리 잎이 갈라져 있고, 민둥체꽃은 중부 지방의 깊은 산에 자라는 한국 특산식물로 잎에 털이 없다. 구름체꽃은 제주도 한라산 및 북부 지방의 높은 산 초원에서 자라는데, 한국 특산식물로 꽃받침에 나 있는 가시 같은 침이 긴 것이 특징이다.

초롱꽃

'08 Lee Sook-hee

과명	초롱꽃과(Campanulaceae)	학명	*Campanula punctata* Lam.
다른 이름	(약)자반풍령초, (영)Bell Flower	개화기	6~8월

초롱이 초롱초롱 불 밝히듯 피어나는 초롱꽃

제주도와 울릉도를 제외한 전국에 분포하는 여러해살이풀이다. 옛날 밤길을 밝히기 위해 들고 다니던 초롱과 비슷한 모양의 꽃이 가지 끝에 초롱초롱 매달려 아래를 향해 피어 있는 모습에서 '초롱꽃'이라는 이름이 유래되었다. 속명(Campanula)은 라틴어로 '작은 종 모양'이라는 뜻이며, 종명(punctata)은 '무늬점이 있다'는 뜻으로, 무늬가 있는 종 모양의 꽃을 가진 식물임을 의미한다. 영어의 일반명도 '종꽃(Bell Flower)'이다.

'종 모양'이라는 속명에서 유래한 것으로 보이는 전설로 종치기에 관한 이야기가 전한다. 종치기는 어려서 아버지를 대신해 전쟁에 나갔다가 부상을 입은 뒤 노인이 되도록 종 치는 일을 천직으로 알고 살아왔다. 아침, 점심, 저녁 규칙적으로 종을 쳐 성 안의 모든 사람이 그 종소리에 맞춰 일상생활을 할 수 있었기에 마을 사람들은 모두 그를 좋아했다. 그러나 불행히도 새로 부임한 성주는 종소리가 시끄럽다 하여 종을 치지 못하도록 했다. 마지막 종을 치던 날 종치기 노인은 눈물이 앞을 가려 층계를 제대로 보지 못하고 높은 종각에서 떨어져 죽고 말았다. 그 자리에서 아름다운 초롱꽃이 피었다고 한다.

우리나라의 전설은 어사 박문수와 관련된 이야기다. 정직하고 청렴한 어사 박문수가 회갑을 맞았다. 수많은 사람이 선물을 가지고 와 그를 만나기를 원했지만 모두 물리쳤다. 그런데 한 노인이 초롱꽃 화분을 하나 들고 그를 만나기를 청했다. 기이하게 여긴 박문수는 다른 선물도 아니고 하필이면 초롱꽃 화분을 주겠다고 버티고 있는 연유를 물었다. 노인은 박문수에게 야밤삼경 초롱불 같은 혜안으로 백성들을 위해 옳고 그름을 밝히며 탐관오리들을 잡아내 나라가 태평하고 백성들이 편안한 태평성대가 계속

되게 해달라는 뜻이라고 했다. 감동한 박문수는 귀한 초롱꽃을 감사히 받아 집에 두고 늘 행동의 거울로 삼았다고 한다.

초롱꽃의 줄기는 꼿꼿이 서서 30~80센티미터로 자라는데, 가지를 치지 않고 전체에 거친 털이 있다. 잎은 어긋나며(호생), 길쭉한 타원형으로 가장자리는 불규칙하고 둔한 톱니 형태다. 줄기 끝에 가까운 잎겨드랑이에서부터 여러 개의 꽃대가 자라 상앗빛 또는 연분홍 바탕에 자줏빛 반점이 있는 꽃이 핀다.

● **꽃 피는 시기** _ 6~8월에 5~8센티미터 길이의 꽃이 핀다.

● **이용** _ 꽃이 아름다워 관상용으로 우수한 식물이다. 나지막하고 넓은 화분에 심거나, 정원에 소나무 등 나무 아래 무리지어 심으면 보기에 좋다. 특히 금강초롱은 그 꽃색이 화려해 사랑을 받고 있다. 화분에 모아심거나 다른 소재와 함께 분재하면 그 아름다움이 더욱 돋보인다. 어린잎은 먹기도 하고, 뿌리를 비롯한 식물 전체를 천식이나 편도선염 및 인후염 등에 처방한다. 한방에서는 자반풍령초(紫斑風鈴草)라 하여 지상부를 해산촉진제로 쓰기도 한다.

● **재배 및 관리** _ 배수가 잘 되는 사질양토나 점질양토에서 잘 자라고 빛을 많이 요구한다. 더위, 건조, 추위에 모두 강하고 척박한 땅에서도 잘 자란다. 비옥한 땅에서는 오히려 꽃대를 비롯한 식물체 전체가 너무 크고 약해져 장마철에 쓰러지기 쉽다. 관상용으로 정원에 많이 심는데 키가 작으면서 꽃이 많이 피게 하려면, 이른 봄에 돋아난 순을 짧게 순지르기해주면 좋다. 화분에 심을 때는 밭흙, 부엽, 마사토를 4대 4대 2로 섞어 쓴다.

● **유사종**_ 섬초롱꽃(*C. takesimana*)은 울릉도에 자생하는 우리나라 특산 식물로, 연한 자주색 바탕에 짙은 점이 있는 3~5센티미터의 꽃이 가지와 원줄기 끝에 아래를 향해 달린다. 자주꽃방망이(*C. glomerata* var. *daburica*)는 줄기 끝이나 윗부분의 잎겨드랑이에 종 모양의 자주색 꽃이 열 송이 정도 모여 위를 향해 핀다. 잎이 조화처럼 거칠고 뻣뻣하다.

위의 두 유사종보다 더 익숙한 금강초롱(*Hanabusaya asiatica*)은 진보라의 화려한 꽃색 때문에 초롱꽃보다 더 사랑을 받고 있다. 금강산에서 처음 발견되었고, 중부 이북의 높은 산에 자라는 한국 특산식물이지만, 속명은 일본명에서 유래했다. 발견 당시 우리 식물분류학이 그리 발달하지 못해 일본 학자가 당시 일본 공사 하나부사 요시타다의 이름을 붙였다는 가슴 아픈 사연이 있다. 보라색 외에 분홍색, 흰색 금강초롱도 발견된다.

금강초롱

타래난초

SHIN HANG SOOK
2011

| 과명 | 난과(Orchidaceae) | 학명 | *Spiranthes sinensis* (Pers.) Ames | 개화기 | 6~8월 |

나사처럼 비틀려 올라가면서 꽃을 피우는 타래난초

제주, 전남, 강원, 경기, 함북에 분포하며 산지의 양지바른 풀밭에서 자생한다. 뿌리는 굵게 비대하고 줄기는 곧게 서서 10~40센티미터로 자란다. 뿌리에서 바로 올라온 잎은 모여나고(총생) 피침형이며 밑부분이 줄기를 감싼다. 줄기에 피침형 비늘잎이 1~3매 붙어 있다. 여러 송이의 꽃이 줄기에 다닥다닥 나선형으로 붙어 있으나, 낱개의 꽃은 아주 작다. 꽃받침이 5밀리미터, 꽃잎은 꽃받침보다 약간 짧으나 난과 식물의 특성을 나타내는 입술꽃잎은 그보다 길게 나와 윗부분이 뒤로 젖혀져 있다.

● **꽃 피는 시기_** 6~8월에 줄기 위쪽 이삭 모양 꽃차례에 분홍색 꽃이 실타래처럼 나선형으로 비비 꼬이며 달린다.

● **이용_** 관상용으로 심는다. 줄기는 곧바로 서고 잎도 크지 않기 때문에 크게 눈길을 끌지 못하지만, 자세히 들여다보면 독특한 꽃차례 때문에 사랑을 받고 있다.

● **재배 및 관리_** 정원에 심을 때는 햇빛이 잘 들고 물빠짐이 좋은 곳에 심는다. 한두 촉을 심어서는 잘 보이지 않으므로 여러 포기를 모아심는 것이 좋다. 포기가 가늘고 곧게 자라므로 화분에 심을 때도 몇 포기를 같이 심는 것이 좋다. 화분흙으로는 부엽토나 배양토를 30퍼센트 정도 섞은 마사토를 이용한다. 화분은 자유로이 옮길 수 있으므로 꽃이 피기 전까지 생육이 왕성할 때는 햇빛이 많이 비치는 밝은 곳에 두고, 꽃이 피면 햇빛에 노출시키는 시간을 줄인다.

씨뿌리기나 포기나누기로 증식한다. 보통 난은 종자를 통해 번식하기가 쉽지 않지만, 타래난초는 종자가 잘 맺히고 발아도 잘 되는 편이라 씨뿌리기로 증식이 가능하다. 시기를 놓치지 말고 씨를 받아 바로 파종상자에 뿌리거나 타래난초 모체 옆에 뿌리면 다음 해 봄에 싹이 나고 2년째부터 꽃을 볼 수 있다. 포기나누기는 새로 돋아나는 새끼묘를 가을이나 봄에 떼어 심는다.

패랭이꽃

Yaejeong 2009. 6

과명	석죽과(Caryophyllaceae)	학명	*Dianthus chinensis* L.
다른 이름	석죽화, (영)Chinese Pink	개화기	6~8월

패랭이를 닮은 제우스의 꽃, 패랭이꽃

전국의 풀밭이나 산기슭, 강가의 모래땅에서 자라는 석죽과의 여러해살이풀이다. 가늘고 연약해 보이는 줄기의 마디에 칼 모양 가는 잎이 마주난다(대생). 줄기는 윗부분에서 갈라지며 마디가 불룩하게 굵어져 쉽게 똑똑 부러진다. 속명(*Dianthus*)은 그리스 신화 중 '제우스(*dios*)'와 '꽃(*anthos*)'의 합성어로 '제우스 자신의 꽃'이라는 뜻이다.

우리 이름 '패랭이꽃'은 꽃의 모양이 패랭이를 거꾸로 한 것과 같은 데서 유래했다. 패랭이는 천인이나 상인들이 쓰던 모자의 일종이다. 술패랭이꽃은 패랭이의 일종으로, 꽃잎 다섯 장의 끝이 술처럼 갈라졌다 해서 붙여진 이름이다.

근래에는 많은 원예종이 개발되어 그 구별이 쉽지 않다. 같은 속의 카네이션(*D. caryophyllus*)은 외관상 잘 구분이 되는데, 원래 유럽과 서부 아시아산 여러해살이풀이다.

● **꽃 피는 시기**_ 6~8월에 연보라색 꽃이 핀다. 흰 꽃이 피는 패랭이꽃도 있는데, 이를 구분해 흰패랭이꽃(*D. chinensis* for. *albiflorus*)이라고 한다. 꽃은 줄기 끝부분에서 몇 개의 가지가 갈라져 그 끝에 한 송이씩 핀다. 꽃잎은 다섯 장이고 끝이 얕게 갈라지며 가운데에 무늬가 들어간다. 술패랭이는 꽃잎의 끝이 더 깊이 파이며 술처럼 갈라졌다. 꽃이 진 후 9월에 긴 꼬투리가 달리는데, 그 안에 있는 씨는 아주 작아서 꼬투리가 터지면서 멀리까지 날아간다.

● **이용**_ 꽃 모양이 아름다워 관상용으로 많이 이용된다. 꽃이나 열매가

달린 식물체를 그늘에서 말려 이뇨제나 통경제로 쓰기도 한다. 그러나 임산부에게 써서는 안 된다.

● **재배 및 관리**_ 토질은 비교적 가리지 않는 편이나 배수가 잘 되는 사질양토에서 잘 자란다. 내한성, 내건성이 강해 재배하기 쉬운 야생화다. 양지식물이므로 햇빛이 잘 드는 곳에 심는다. 화분에 심을 때는 부엽, 배양토, 모래를 3대 5대 2로 섞어 쓴다. 꽃이 진 뒤 바로 꽃대를 잘라주면 9~10월에 다시 한 번 꽃을 볼 수 있다. 번식은 씨뿌리기로 쉽게 할 수 있다. 9월에 꼬투리째 채종해 바로 뿌리거나 다음 해 봄에 뿌린다. 씨앗이 작기 때문에 모래와 섞어 뿌린 후 저면관수한다. 포기나누기와 꺾꽂이도 가능하다.

술패랭이꽃

● **유사종**_ 우리나라에는 패랭이류가 모두 다섯 종 있다. 북부 지방에 자생하는 수염패랭이꽃(*D. barbatus* var. *japanicus*)은 줄기 끝에 여러 송이의 작은 진분홍색 꽃이 우산 모양으로 피고, 꽃을 둘러싼 작은 포엽이 수염처럼 보이기 때문에 수염패랭이꽃이라 한다. 그 외에 바닷가에 자라는 갯패랭이꽃(*D. japonicus*), 백두산에서 자라는 키가 작은 난쟁이패랭이꽃(*D. morii*), 꽃잎이 술 같은 술패랭이꽃(*D. superbus*), 그리고 술패랭이꽃의 변종인 구름패랭이꽃(*D. superbus* var. *speciosus*)이 전국의 산야에서 자란다. 구름패랭이꽃은 술패랭이꽃보다 작으며 꽃색이 훨씬 진하고 꽃잎은 더 깊이, 더 많이 갈라졌다.

하늘타리

Jooyeon 08. 8

과명 박과(Cucubitaceae)　학명 *Trichosanthes kirilowii* Maxim.　개화기 7~8월

밤에만 하얀 꽃을 피우는 하늘타리

고백하건대, 하늘타리는 보지도 들어보지도 못한 야생화다. 남주연 님이 그림을 그려주었지만 전혀 모르는 꽃이라 그냥 지나치려 했으나, 제주도 방림원에 들렀다가 《유유시집, 선시(禪詩) 습작노트》라는 시집을 만나 하늘타리를 다시 보게 되었다. 어쩌면 하늘타리의 특성을 그렇게도 잘 표현한 시가 있을까 하는 생각에, 그 시를 여러분과 같이 읽으며 하늘타리라는 야생화를 생각하고 싶어졌다.

하늘타리는 제주도와 다도해의 여러 섬, 경기도 이남의 산기슭이나 숲속에 자라는 덩굴성 여러해살이풀이다. 땅속에 고구마와 같이 비대한 덩이뿌리가 있다. 꽃부리가 다섯 갈래로 깊게 파였고, 가장자리는 실처럼 잘게 갈라져 있다. 수꽃에는 세 개의 수술이 있고 암꽃에는 세 개로 갈라진 암술대 한 개와 두 개의 헛수술이 있다. 열매는 5~7센티미터의 타원형 장과로 적황색으로 익는다.

● **꽃 피는 시기_** 꽃은 7~8월에 피는데, 암꽃과 수꽃이 다른 그루에 피는 자웅이주(雌雄異株) 식물이다. 잎겨드랑이에서 자란 길이 3센티미터 정도의 꽃자루 끝에 꽃이 한 송이씩 하늘을 향해 달린다. 하얀색 꽃이 저녁 무렵에 핀다.

● **이용_** 뿌리의 전분은 식용으로 이용할 뿐 아니라 한방에서는 어혈, 해열, 이뇨 등의 용도로 사용한다.

하늘타리

_《유유시집》에서

봄에는
아무도 모르게
살금살금 줄기 뽑아
이 나무 저 나무에 촉수 걸친다.

여름에는
심심 야밤에만
눈빛 새하얀 면사 꽃 입고
하늘에서 내려온 듯 무용을 한다.

가을에는
힘이 다 빠져
보기 흉한 옷가지와 장신구
은근슬쩍 버리고 시치미 떼고 있다.

겨울에는
주변이 트이니
노오란 열매 줄줄이 달고
나 그동안 여기 있었네 자랑을 한다.

하늘타리 꽃은

우아하고 아름답지만

취하는 행실머리 밉살스러워

나무도 풀도 외면하는 모양이다.

해당화

ㄴHayeong 2009. 5

과명	장미과(Rosaceae)	학명	*Rosa rugosa* Thunb.
다른 이름	(약)매괴	개화기	5~7월

바닷가 너른 모래사장을 붉게 물들이는 해당화

중부와 북부 지방의 산기슭이나 해변 모래땅에 자생하는 낙엽활엽관목으로, 키가 1.5~2미터로 자란다. 속명(Rosa)은 '장미'를 뜻하는 그리스어(rhodon)에서 유래되었다. 또 '붉다'는 뜻도 가지고 있는데, 장미는 붉은색이 많기 때문이다. 종명(rugosa)은 '주름살이 많다'는 뜻이다. 해당화의 줄기에는 잔털이 밀생하고 날카로운 가시가 많이 나 있다.

잎은 잎자루에 작은 잎이 여러 개 달린 홀수깃꼴겹잎으로, 길이 9~11센티미터의 잎자루에 작은 잎이 5~7매 달려 있다. 잎은 타원형인데, 끝이 뾰족한 편이고 약간 두툼하며 표면에 윤기가 있다. 잎의 길이는 2~3센티미터이고 표면의 잎맥이 오목하게 들어간 주름살 모양이어서 위와 같은 종명이 붙은 것으로 보인다.

해당화에는 당나라의 현종과 양귀비의 이야기가 전한다. 현종이 어느화창한 날 침향정(沈香亭)에 올라 정원의 꽃들을 감상하던 중 혼자서 즐기기가 아까워 총애하는 양귀비를 찾았다. 양귀비는 술에 취해 몽롱한 상태로 누워 있다가 갑작스러운 황제의 부름에 놀라 잠이 덜 깬 채로, 양볼에 홍조를 띤 아름다운 모습으로 황제 앞에 섰다. 황제는 한동안 애희(愛姬)를 물끄러미 바라보다가, "그대는 아직 취해 있느냐, 해당화의 잠이 아직 모자란 모양이로다(海棠睡未足)"라고 했다고 한다. 현종이 잠이 덜 깬 채로 발그레 홍조를 띠고 고개를 숙인 양귀비의 모습이 마치 해당화 같다고 표현한 이래 해당화는 '수화(睡花)'라는 애칭을 얻었다.

해당화는 산기슭이나 해변의 모래땅에 자생하는 것으로 알려졌으나, 산기슭보다는 해변 모래땅에 무리지어 자라고 있으며 특히 명사십리해당화(明沙十里海棠花)가 유명하다. '명사십리'라고 불리는 곳은 여럿이지만, 원래는 지금은 자유롭게 가볼 수 없는 함경남도 원산의 약 10리에 걸친 모래 톱을 일컫는 말로, 곱고 부드러운 모래와 어우러진 해당화로 인해 아름다운 경치를 자랑하는 해수욕장이다. 명사십리해당화는 작자와 연대 미상인 조선시대 소설 《보심록(報心錄)》에 나오는 시로 더욱 유명해졌다(정선아리랑 인생편에도 같은 내용이 담겨 있다고 한다).

명사십리 해당화야 꽃 진다고 서러 마라.
명춘삼월 돌아오면 너는 다시 피려니와
가련하다 이내 신세 한번 가면 못 오나니
빈손으로 나왔다 빈손 들고 가는 인생.

어디에서 왔으며 어디로 가는가.
한 조각 뜬구름으로 모였다 흩어지는 것.
풀잎에 이슬이라 공수래 공수거,
물위에 거품이라 일장춘몽 꿈이로다.

● **꽃 피는 시기_** 지름이 6~9센티미터의 붉은 꽃이 5~7월에 피고, 8월이 되면서 열매가 성숙하는데 적색이나 황갈색으로 익어 아름답다.

● **이용_** 향기가 좋아서 화장품 향료로 쓰이며, 뿌리는 염료로 쓰인다. 열매는 비타민C가 풍부해 차로 먹는다. 한방에서는 해당화를 매괴(玫瑰)라 하여 위통, 생리불순, 치통, 관절염 등의 치료에 이용한다. 꽃 말린 것을 술에 넣어 매괴주를 담그기도 하는데, 붉은색이 무척 아름다우나 그보다는 향기가 더 술의 맛을 돋우는 풍류 넘치는 술로 상류 가정 사대부들이

애음하던 귀한 술이다. 해당화의 꽃잎을 따서 지은 향기로운 밥을 해당화색반(色飯)이라 하며, 생일날 팥밥을 지어 재액을 물리치는 주술적인 풍습과 같이 해당화색반 또한 액을 물리친다고 믿었다. 중국에서는 해당화 꽃잎을 꿀에 재 약으로 사용했는데, 꽃잎에 수렴작용이 있어 지사제 역할을 하는 것으로 알려졌다. 또 열매를 꿀이나 설탕에 재 매괴당(玫瑰糖)을 만들어 먹기도 했다.

● **재배 및 관리**_ 토양의 종류를 가리지 않지만 습도가 적당하고 비옥한 사질양토에서 잘 자라며, 주로 해변의 모래땅에서 자생한다. 노지에서 월동이 가능하며 전국 어디서나 재배할 수 있다. 햇빛이 잘 드는 곳에 심는 것이 좋다. 가뭄에 잘 견디고 염해에도 강하다. 비옥한 토양에 일단 자리를 잡으면 빠른 속도로 번져나가므로, 정원이 넓지 않은 곳에는 추천하기가 망설여진다. 만약 심을 경우 경계를 만들어주어야 이웃으로 지나치게 번지는 것을 막을 수 있다. 생울타리용으로는 바람직하다. 번식은 주로 포기나누기와 꺾꽂이로 한다.

해오라비난초

Hyeyoungwoo '09

과명	난초과(Orchidaceae)	학명	*Habenaria radiata* (Thunb.) Spreng.
다른 이름	해오라기난초, 해오리란	개화기	7~8월

날아오르는 새 해오라기를 닮은 해오라비난초

해오라비난초라는 이름은 해오라비(해오라기의 방언)와 난초의 합성어다. 해오라기는 온몸이 희고 목과 다리가 긴 새인데, 이 난초과 식물의 꽃 모양이 해오라기가 하늘을 나는 모습과 유사하다 하여 붙여진 이름이다. 해오라기난초, 해오리란(북한)이라고 불리기도 한다. 양지바르고 시원하며 습한 이끼층에서 자라는데, 북한 지역과 제주도를 포함한 전국 각처의 습지에서 자라는 것으로 알려졌다. 경기도 수원 근교 칠보산과 강원도, 충북, 경북 등의 산지에 주로 분포하는데, 현재는 남획으로 인해 야생에서는 보기가 힘든 식물이다.

키는 20~40센티미터가 되고, 타원형의 알줄기에서 옆으로 뻗는 지하경(地下莖)이 있으며, 그 끝에 다시 알줄기가 달린다. 잎은 어긋나는데(호생), 줄기 아랫부분의 잎 몇 장은 잎몸이 넓은 난형으로 길이 5~10센티미터에 너비 3~6센티미터다. 윗부분의 잎은 소형으로 포엽 같다. 줄기 끝에 피는 꽃은 흰색이며, 꽃받침은 연한 녹색으로 끝이 뾰족하다. 입술꽃잎은 크고 잎으로 뻗어나 깊게 세 갈래로 갈라졌다. 나머지 두 장의 흰 꽃잎은 그보다 작으며 위를 향해 약간 굽어 있다.

해오라비난초속(Habenaria)은 세계에 500~600종이 있는 거대한 지생란(地生蘭)으로, 아한대에서 열대에 걸쳐 분포하지만 재배하는 난으로서의 가치가 그리 높지는 않다. 보통 재배되고 있는 난은 개화기간이 길 뿐 아니라 꽃이 진 후에도 잎을 관상할 수 있지만 해오라비난속의 식물들은 일반 숙근초와 마찬가지로 꽃이 지면 바로 잎이 사그라지고 6개월 정도 휴면기에 들어가기 때문이다. 그럼에도 불구하고 해오라비난초는 그 독특한 꽃 모양 때문에 사랑을 받고 있다.

유사종으로는 잠자리난초(*H. sagittifera*)와 큰잠자리난초(*H. linearifolia*)가 있다. 외래종인 로도체일라종(*H. rhodocheila*)과 덴타타종(*H. dentata*)은 꽃색이 아름다워 원예종으로 애용된다.

● **꽃 피는 시기**_ 7~8월에 피며 지름이 약 3센티미터인 꽃 한두 송이가 원줄기 끝에 달린다. 꽃이 눈같이 희고 꽃 모양이 특이하게도 해오라기가 비상하는 모습을 연상케 해 관상가치가 높다.

● **이용**_ 대부분 관상용으로 재배한다.

● **재배 및 관리**_ 번식은 알뿌리나누기로 하는데, 꽃이 진 것을 그대로 두면 씨를 만드는 데 영양분을 쓰기 때문에 알뿌리를 키우기 위해서는 시든 꽃을 바로 제거해 새끼알뿌리 생육에 집중시킨다. 알뿌리는 10월에 나누어 새로운 화분에 심거나 묵은 화분에 더 두었다가 2월에 심기도 한다. 화분 바닥에 굵은 마사토를 깔고 흐르는 물에 깨끗이 씻은 물이끼에 감듯이 싸서 심는데, 이때 너무 깊이 심지 말고 눈이 보일 듯이 심고 이끼로 덮어준다.

그림_우혜영

가을에 피는
야생화

4

각시투구꽃 · 감국 · 구절초 · 꽃무릇 · 바위솔 · 산국 · 쑥부쟁

이 · 용담 · 층꽃나무 · 해국

작열하는 태양 아래 뜨거웠던 한여름이 지나고 가을로 접어들면 햇살은 기울고 비추는 시간도 점점 짧아진다. 가을이 오는 것을 알아차린 식물들은 서둘러 겨울 준비를 한다. 낮의 길이가 점점 짧아지면서 밤이 길어지면 단일식물들은 꽃을 피우고 종자를 맺으려 분주하다. 단일식물의 대표격인 국화류는 그래서 이 가을에 더욱 빛이 난다. 엽록소를 잃어가며 안토시아닌 등에 의해 아름다운 색채로 탈바꿈하는 나무들의 보금자리인 산에 대비해 들녘에는 찬란한 들국화의 물결이 너울댄다.

가을은 국화의 계절이다. 중국의 전통적인 해석에 따르면, 국화의 국(菊)자는 그해 꽃의 구극(究極), 즉 꽃피기의 마지막 꼴찌라는 의미에서 유래했다고 한다.[*] 감국을 비롯한 국화류는 가을에 접어들면서 꽃이 피기 시작해 서리가 내리는 늦가을까지 핀다. 들녘에 피는 샛노란색 감국과 산국, 보랏빛 쑥부쟁이, 하얀색 또는 연분홍색 구절초꽃이 모두 가을에 핀다. 이들 국화류는 흔히 종류를 구분하지 않고 통틀어 '들국화'라고 부른다.

우리 선조들은 국화류를 '국(菊)' 또는 '황화(黃花)', '황예(黃蘂)'라는 별칭으로 부르며 매화, 난, 대나무와 함께 4군자(四君子)로 사랑하고 예찬했

---

[*] 이상희,《꽃으로 보는 한국 문화 3》, p. 237, 넥서스BOOKS, 1998.

다. 자연현상에서 인생의 순리를 배웠던 선조들은, 뭇 꽃들이 다투어 피는 봄이나 여름을 피해 황량함이 스며드는 늦가을에 우아한 자태로 꼿꼿이 외롭게 피어나는 국화의 모습을, 세상 영화를 버리고 자연에 숨어 사는 군자의 삶으로 생각했다. 꽃의 외양적인 화려함보다는 꽃에 담긴 덕(德)과 지(志) 그리고 기(氣)를 중시한 것이다. 국화는 일찍 심어 늦게 피니 군자의 '덕'이요, 서리를 이기며 꽃을 피우니 선비의 '지'며, 물 없어도 피니 한사(寒士)의 '기'라 하여, 이를 국화의 삼륜(三倫)이라 예찬하였는데, 이는 과거 시험의 글 제목으로 제시되기도 했다.

이밖에도 국화는 그 상징성 때문에 은군자(隱君子), 중양화(重陽花), 오상(傲霜)이라고도 불렸다. '오상'이란 서리에도 굴하지 않는다는 의미로, 선비의 기개를 상징하는 것으로 여겨졌다.

이런 국화에 대한 문화적 인식이나 관념은 일찍이 중국에서 먼저 형성된 것이 문화가 이식되는 과정에서 그대로 전해진 것으로 보인다. 우리 선조들은 이를 적극적으로 수용해, 국화에 대한 생각이 중국과 비슷하고 선비들이 앞 다투어 사군자를 노래했다. 이에 대해《꽃으로 보는 한국 문화》의 저자 이상희는 '문화적 사대사상' 때문이었다고 비판하기도 했다.

17~18세기에 유럽으로 건너간 국화의 꽃말은 '역경에도 꺾이지 않는 쾌활함'이다.

국화에 대한 전설은 여러 가지가 있으나, 감국에 대한 것을 살펴보자. 옛날 중국 허난성의 어느 산중에 물맛이 아주 달콤한 계곡이 있었는데, 그 물을 계속 마시면 누구든지 불로장수한다는 이야기가 전해내려왔다. 그 계곡의 이름이 감곡(甘谷)이었다고 하는데, 물맛이 좋았던 것은 계곡의 양쪽 언덕에 군생하는 감국(甘菊)의 꽃잎이 언제부터인가 계속해서 물속에 떨어졌기 때문이었다는 것이다. 그 계곡의 물을 음료수나 취사용으로 사용해온 주민들은 신기하게도 대부분 장수했는데, 아주 오래 산 사람은 140~150세를 넘겼고, 80~90세는 요절하는 축에 속했다고 한다. 사람들은 국화에 몸을 가볍게 하고 기력을 충실하게 하는 효능이 있어서, 국화의 자양을 듬뿍 머금은 감곡수를 계속 마신 사람들이 장수했다고 믿었다.

이 고을에 부임했던 역대 지방관들이 이런 비밀을 전해듣고 전임 후에도 현지에 명해 정기적으로 감곡의 물을 받아 마셔 그 효력으로 두통이 없어지고 중풍도 나았다는 이야기가 전한다.

각시투구꽃

'08. 문은주

과명	미나리아재비과(Ranunculaceae)	학명	*Aconitum monathum* Nakai
다른 이름	(약)초오, 오두, 토부자	개화기	8~10월

보랏빛 투구 모양의 꽃이 피는 각시투구꽃

투구꽃의 일종으로, 백두산을 비롯한 북부 지방 고산의 풀밭이나 물가에서 자라는 여러해살이풀이다. 뿌리는 약간 비대하고 줄기는 털이 없으며, 키가 1미터 가까이 자라는 투구꽃과 달리 15~30센티미터로 아담하게 자란다. 잎은 마디마다 어긋나며(호생), 잎자루는 길지만 위로 올라갈수록 짧아진다. 잎은 3~8매로 완전히 갈라지고, 깃처럼 가늘게 갈라진 열편은 피침형이며 끝이 뾰족하다. 투구꽃속(*Aconitum*) 식물들은 아코니틴(aconitine)이나 델피니(delphinine) 성분을 다량 함유한 독성 식물이다.

● **꽃 피는 시기** _ 투구 모양의 청보라색 꽃이 핀다. 투구꽃은 9~10월에 피는 데 비해 각시투구꽃은 그보다 이른 8월에 피기 시작한다.

● **이용** _ 키가 작고 꽃이 아름다워 조경 소재나 허브가든에 이용한다. 유사종인 투구꽃은 꽃이 크고 아름다우나 키가 커서 비바람에 쓰러지기 쉽고, 키가 크면서 곧추서기 때문에 다른 꽃들과 어울리기 어려워 화단의 뒷면에 심게 되는데, 각시투구꽃은 키가 아담해 다른 식물들과 잘 어우러진다. 한방에서는 초오(草烏), 초오두(草烏頭), 오두(烏頭), 토부자(土附子)라고 하여 뿌리를 약재로 쓴다. 진통·진경의 효능이 있는 것으로 알려졌으나 유독성 식물이므로 식용을 금한다.

● **재배 및 관리** _ 그늘지고 배수가 잘 되는 비옥한 곳에서 잘 자란다. 여름철의 고온을 싫어하므로 햇빛이 강하게 쪼이지 않는 서늘한 반그늘에서 키우는 것이 좋다.

● **유사종** _ 우리나라에는 투구꽃류가 여럿 자생한다. 투구꽃을 대표하는 큰 키의 투구꽃(*A. jaluense*), 잎이 세 갈래로 갈라진 세뿔투구꽃(*A. lacenulosum*), 한라돌쩌귀를 비롯한 여러 종류의 돌쩌귀들이 투구꽃의 사촌이다.

감국

Chrysanthemum indicum

Jakyung. S.

과명	국화과(Compositae)	학명	*Chrysanthemum indicum* L.
다른 이름	야국, 황국	개화기	9~10월

황금색 들국화 감국

감국과 산국의 속명(*Chrysanthemum*)은 라틴어로 '황금색(*chrysos*)'과 '꽃(*anthemon*)'의 합성어다. 그러니까 '황금색 꽃'인 셈이다. 가을에 흐드러지게 피는 노란 들국화야말로 국화의 원조라고 할 수 있다. 감국은 전국 어디서나 볼 수 있는 국화과의 여러해살이풀이다. 특히 낮은 지대의 산기슭이나 절개지, 혹은 해변에서 자란다.

가을로 접어들면서 우리 산천에 널리 피어나는 노란 국화과 식물로는 감국과 산국이 있는데, 그 모양이 아주 비슷해 혼동하기 쉽다. 두 식물은 같은 계절에 꽃이 피고 모양새나 특성도 거의 비슷하기 때문에, 둘을 구분하지 않고 들국화·야국(野菊)·황국(黃菊)·야국화(野菊花) 등으로 부르기도 한다.

감국은 산국에 비해 키는 작으나 꽃이 크고, 상대적으로 남쪽 지방에서 쉽게 볼 수 있다. 산국은 중부 지방에서 흔히 보인다고 한다. 생김새를 비교하자면, 감국은 꽃의 지름이 2~2.5센티미터이고, 키는 30~60센티미터로 비스듬히 쓰러지듯 자라며, 줄기는 흑자색이고 온몸에 짧은 털이 있다. 잎은 어긋나고(호생) 긴 타원형이며 여러 갈래로 갈라지는데, 산국보다는 얕게 갈라지는 편이다.

● **꽃 피는 시기** _ 9~10월에 노란 꽃이 가지 끝에 머리 모양 꽃차례(두상화서)로 피는데, 가장자리의 설상화(舌狀花)는 한 줄로 배열되고 가운데는 통꽃(관상화)이 자리한다. 감국은 산국보다 꽃이 좀 더 크고 달콤한 향기가 난다. 종자는 10~11월에 익는다.

● **이용** _ 관상용, 식용, 약용으로 쓴다. 옛사람들은 봄에는 어린싹을 데쳐 먹고 여름에는 잎을 쌈으로 먹었으며, 가을에는 꽃잎으로 화전을 부쳐 먹고, 겨울에는 뿌리를 달여 마셨다고 한다. 감국 포기 밑에서 솟아나는 샘물은 '국화수'라 하여, 장기간 복용하면 안색이 좋아지고 늙지 않으며 풍도 이길 수 있다고 하였다. 또 '국로수(菊露水)'라 하여, 국화꽃에 맺힌 이슬을 털어 마시기도 했다. 국화의 효용에 대해《본초강목》에서는 "오랫동안 복용하면 혈기에 좋고 몸을 가볍게 하며 쉬 늙지 않"으며 또 "위장을 편안하게 하고 오장을 도우며 사지를 고르게 한다"고 기록했다.

전하는 이야기로는, 중국 주나라 때 국왕의 베개를 타넘어 노여움을 산 국자동(菊慈童)이 귀양을 가서 고생하던 중, 어느 날 백발의 노인이 꿈에 나타나 감곡의 물을 마시라고 했다. 그는 국화 꽃잎에 맺혀 있던 이슬이 냇물에 떨어져 영약이 된 감곡의 물을 마셔 800년이 지나도록 동안을 유지한 채 늙지 않았다고 한다. 이처럼 국화가 가진 불로장생의 효험에 관한 이야기가 많이 전한다.

한방과 민간에서는 강심, 거담, 두통 등에 처방하는 약재로 사용한다. 일본에서는 국화에서 증류한 정유를 '국화유'라 하여, 곽란·복통에 쓰거나 창상에 바르기도 한다. 이런 효능과 더불어 그윽한 향기 때문에 국화주를 담그고 국화차를 마신다. 우리 선조들은 또 국화 꽃잎을 말려서 베개나 이불 속에 넣어 그윽한 향기를 맡으며 단잠을 자는 멋을 즐겼다. 이를 국침(菊枕)이라고 하는데, 국화 꽃잎 말린 것과 메밀 껍질을 섞어 만든다.

● **재배 및 관리** _ 햇빛이 잘 들고 배수가 잘 되는 곳이라면 토질에 관계없이 어느 땅에서나 잘 자란다. 건조에 강하며, 비료와 수분이 많은 경우에는 오히려 키가 너무 자라 넘어지기 쉽다. 화분에 기를 때는 마사토에

부엽을 20퍼센트 정도 섞어 쓰며, 순지르기를 두세 차례 하여 키가 너무 자라지 못하게 한다. 분갈이는 해마다 이른 봄에 하는데, 묵은 뿌리를 반 이상 다듬어 새로운 뿌리가 무성해지도록 한다. 증식은 분갈이할 때 포기 나누기로 쉽게 할 수 있지만, 봄부터 초여름 사이에 잎 한 개 정도를 달아 줄기꽂이를 할 수도 있다. 또 가을에 씨를 받아 이듬해 봄에 뿌리면 2~3년 후에 꽃이 핀다.

구절초

09.] Takjung. S.

| 과명 | 국화과(Compositae) | 학명 | *Chrysanthemum zawadskii* var. *latilobum* Kitamura | 개화기 | 9~10월 |

마디가 아홉 개 되는 중양절에 따면 가장 약효가 좋다는 구절초

음력 9월 9일은 중구(重九) 또는 중양절(重陽節)이라고 한다. 중구는 아홉 구(九) 자가 겹쳤다는 것이고, 중양은 양(陽)이 겹쳤다는 뜻이다. 9는 양수 가운데 극양(極陽)이어서 9월 9일을 특별히 중양이라 칭한 것이다. 예로부터 이날에는 노년은 노년끼리 청년은 청년끼리 여자는 여자끼리 모여 특별한 음식을 준비해서 단풍이 물든 산이나 국화가 만발한 계곡을 찾아 나들이를 했다.

중양절에 즐겨 먹는 음식 중에서 대표적인 것이 국화전과 국화만두, 국화주다. 특히 문사나 시인들은 술과 안주를 갖추어 단풍과 국화가 있는 곳을 찾아서 국화주 잔을 권커니 받거니 하며 시를 짓거나 그림을 그리며 풍류를 즐겼다고 한다.

구절초는 바로 이 시기에 피는 들국화다. 원래 약초로 중양절 즈음에 채취하는 것이 가장 약효가 좋다 하여, 그 절기에 채취하는 들국화를 이르는 이름이었다고 한다. 이름에 대한 또 다른 이야기도 있다. 5월 단오가 되면 마디가 다섯 개가 되고 9월 9일이 되어 약재로 채취할 때는 마디가 아홉 개가 된다 하여 구절초(九節草)라고 불렀다는 것이다.

우리나라 들과 산에서 흔히 볼 수 있는 국화과 식물인데 일본의 규슈, 중국의 북부 및 몽골까지 이르는 넓은 지역에 분포한다. 잎은 계란형이며 가장자리가 약간 깊게 깃 모양으로 갈라진다. 뿌리는 옆으로 뻗는 땅속줄기(地下莖)에서 돋는다. 초장은 30~50센티미터로 곧게 자라고, 잎에서는 국화류 특유의 향이 진하게 풍긴다.

● **꽃 피는 시기** _ 9~10월에 원줄기나 가지 끝에 한 송이씩 피는데, 꽃색

은 주로 흰색이나 연분홍색도 있다. 두상화서로 피며, 꽃이 비교적 커서 지름이 8센티미터 정도 된다. 국화향이 짙고, 종자는 10~11월에 맺힌다.

● **이용** _ 구절초라는 이름 자체가 약명이다. 가을, 특히 음력 9월 초에 꽃을 비롯한 모든 부위를 채취해 부인병에 처방한다. 몸을 따뜻하게 하고 위장병, 기침, 감기, 인후염에 효과가 있다고 알려졌다. 유효성분으로는 잎에 플라보노이드(flavonoid)인 리나린(linarin)이 함유되어 있다. 관상용으로도 정원이나 화단, 도로변 등에 무리지어 심으면 아름답다.

● **재배 및 관리** _ 양지를 좋아하지만 반음지에서도 자란다. 습한 것을 싫어하므로 배수가 잘 되는 곳에서 재배한다. 특히 여름 장마철에 배수가 안 되면 포기가 녹을 수 있으니 유의해야 한다. 씨뿌리기, 꺾꽂이, 포기나누기로 번식한다. 종자를 10~11월에 채종한 후 즉시 파종하거나 꼬투리째 채취해 보관했다가 다음 해 3~4월에 파종하면 이듬해부터 꽃이 핀다. 번식력과 생명력이 대단히 강한 식물이므로 포기나누기로도 쉽게 번식시킬 수 있다. 뿌리가 뭉쳐 있을 때는 칼로 적당히 나누어 잘라 포기를 나눈다. 꺾꽂이도 가능한데 국화처럼 최소한 두 마디 이상으로 잘라 꺾꽂이하며, 시기는 봄이 좋다.

● **유사종** _ 구절초는 그 종류가 다양해 우리나라에서 자라는 종류만도 40종이 넘는다고 한다. 서식 장소와 식물의 형태에 따라 낙동구절초, 포천구절초, 산구절초, 바위구절초, 넓은잎구절초, 가는잎구절초 등으로 구분하지만 모두 한 종(C. zawadskii)에서 유래한 변종들로 보고 있다.

산구절초(C. zawadskii)는 전국의 깊은 산에서 자라며, 약초명인 선모초

(仙母草)로도 잘 알려져 있다. 구절초보다 잎이 가늘고 길게 자라 '가는잎 구절초'라고도 부른다. 산구절초와 바위구절초는 꽃이 다른 구절초보다 일찍(7월부터) 피기 시작한다.

바위구절초(*C. zawadskii* var. *alpinum*)는 우리나라 특산식물로, 중북부 지방의 깊은 산 높은 능선을 따라 자라는 여러해살이풀이다. 다른 구절초에 비해 키가 작은 편으로, 20센티미터 정도까지 자란다. 원줄기와 잎이 흰 털로 덮여 있고 짧은 꽃대에 연분홍 혹은 흰색 꽃이 핀다.

포천구절초(*C. zawadskii* ssp. *acutilobum tenuisectum*)는 경기도 한탄강가에서 발견되는 여러해살이풀로, 가운데 잎이 가늘게 갈라져 '포천가는잎 구절초'라고도 부른다.

바위구절초

서홍구절초(*C. zawadskii* var. *leiophyllum*)는 황해도 서홍 근처 참나무숲에서 자생한다. 구절초와 비슷하지만 설상화관(舌狀花冠)이 넓고 붉은빛이 돌며 털이 없는 것이 다르다. 개화기가 가장 늦고 설상화관 전체가 자홍색이며 화관 끝에 두 개 또는 다섯 개의 톱니가 있다.

울릉구절초(*C. zawadskii* ssp. *lucidum*)는 울릉도 성인봉 일원에서 자라는 여러해살이풀로, 키가 30센티미터 정도로 자란다. 줄기가 다소 비대하며 홍자색을 띤다. 잎은 깊게 갈라지고 두툼하며 광택이 나고, 4~5센티미터 크기의 흰색 꽃이 핀다.

낙동구절초(*C. zawadskii* ssp. *nakdongense*)는 태백산 서남쪽 낙동강 유역에서 발견된 여러해살이풀로, 구절초와 잎이 닮았으나 덜 갈라지고 두툼하며, 꽃이 5~6센티미터로 크고 희다.

한라구절초(*C. zawadskii* ssp. *koreanum*)는 '제주구절초'라고도 부르는데, 제주도 한라산 1,300미터 이상에서 자라는 여러해살이풀이다. 잎이 가는 깃 모양으로 깊게 갈라지고 두툼하다. 흰색 또는 분홍색 꽃이 피며, 구절초에 비해 키가 작아 10센티미터 내외로 자란다.

꽃무릇

| 과명 | 수선화과(Amaryllidaceae) | 학명 | *Lycoris radiata* Herb. |
| 다른 이름 | 석산 | 개화기 | 8~9월 |

사찰 주변의 가을 숲을 아름답게 장식하는 꽃무릇

'석산(石蒜)'이라고도 부르는 꽃무릇은 중국이 원산으로, 선운사를 비롯한 남쪽 지역의 사찰 주변 숲에서 자란다. 상사화(280~284쪽)와 비슷하지만, 상사화는 잎이 봄에 나와 6~7월이면 지는 한해살이인 반면 꽃무릇의 잎은 해를 넘기는 두해살이다. 꽃도 더 늦게 피어 남쪽 지역의 가을 숲을 아름답게 장식한다.

땅속에 있는 비늘줄기를 '돌마늘'이라고 하는데, 겉껍질이 흑갈색이며 약간 아린 듯한 쓴맛이 난다. 잎은 가늘고 길어 30~40센티미터로 자란다. 꽃이 진 다음에 잎이 돋기 시작해 다음 해 봄까지 자라다가 여름에 말라 없어진다. 30~50센티미터의 꽃줄기 끝에 진홍색 꽃이 피는데, 꽃부리는 여섯 개이고 그 가장자리에 주름이 지며 열매는 맺지 못한다.

● **꽃 피는 시기**_ 8~9월에 알뿌리에서 긴 꽃줄기가 나와 빨간 꽃이 핀다. 진홍색 꽃이 여러 송이 모여 우산 모양으로 핀다.

화분에 심긴 꽃무릇은 비늘줄기가 쉽게 늘어나 화분을 가득 채운다. 분구(分球)할 시기를 놓치면 비늘줄기가 삭아버린다.

● **이용** _ 꽃이 화려해 관상용으로 주로 쓰이는데, 특히 군락으로 심으면 더욱 화려하다. 한약명은 석산(石蒜)으로, 비늘줄기를 이용한다.

● **재배 및 관리** _ 빛을 좋아하는 편이나 그늘에서도 잘 자란다. 화분에 심은 경우 꽃이 피거나 잎이 푸르게 살아 있을 때는 아침 햇살을 충분히 받도록 하고, 휴면 중일 때는 밝은그늘에 둔다. 겉흙이 마르면 물을 충분히 준다. 알뿌리를 나눠 심어 번식시키는데, 휴면기인 6~7월에 옮겨심는다. 옮겨심은 것에 물을 너무 자주 주면 고온다습하고 통풍이 불량해 알뿌리가 썩어버리기 쉬우므로 주의한다.

바위솔

08. Hwang Ki suk

과명	돌나물과(Crassulaceae)	학명	*Orostachys japonicus* A. Berger
다른 이름	와송, 암송, 탑송	개화기	9월

기왓장 사이에서 솔방울 모양으로 자라는 바위솔

바위나 모래땅, 또는 오래된 기와 틈에서 자라는 여러해살이풀이다. 이름이 여러 가지인데, 지붕 위에서 자라는 솔방울 모양의 풀이라 하여 와송(瓦松) 또는 '지붕지기', 바위틈에서 자란다고 암송(岩松), 탑 모양이라 탑송(塔松)이라고도 한다.

뿌리에서 바로 나는 뿌리잎은 방석처럼 퍼지면서 차차 굳어져 가시처럼 된다. 줄기잎은 잎자루 없이 촘촘하게 붙은 모습이 탑 같아 보이기도 한다. 잎은 두툼하고 전체적으로 분백색이 도는데, 꽃이 필 즈음에는 붉은색이나 갈색으로 변하고 종자가 맺힌 후에는 차차 죽는다.

● **꽃 피는 시기** _ 9월에 피는데, 꽃자루가 없는 자잘한 흰색 꽃이 길게 자라 올라온 꽃대에 다보록이 붙어 술 모양의 꽃차례(총상화서)를 이룬다. 흰색 꽃 가운데 있는 수술의 꽃밥이 붉은색이어서 붉은 무늬가 있는 것으로 보인다.

● **이용** _ 바위 위주의 정원(巖石園)이나 화분에 심어 관상한다. 잎은 습진 치료에 쓰인다. 민간에서는 암치료제(治癌劑)로 쓰기도 한다. 알칼로이드 성분이 약효를 내는 것으로 알려졌다.

● **재배 및 관리** _ 하루종일 햇빛이 들고 물빠짐이 좋은 모래흙에 심는다. 건조하고 척박한 땅에 자생하는 식물이기 때문에 물을 많이 주어서는 안 된다. 노지에서는 특별히 물을 줄 필요가 없고, 화분에 재배할 때는 화분의 겉흙이 완전히 마른 다음 충분히 주고 건조하게 키운다. 비료성분이

바위솔류는 새끼포기가 잘 생기므로 어미포기에서 떼어내어 번식시킨다. 어미포기 옆에서 새끼포기가 잘 돋고, 기는줄기 끝에도 새끼포기가 잘 달린다. 옆 사진에서 표시된 부분을 잘라 심으면 된다.

많으면 줄기가 길게 자라며 잎이 듬성듬성 나 모양이 없어지는 등 문제가 될 수 있다.

포기나누기와 씨뿌리기로 번식시킨다. 어미포기 옆에 나는 새끼를 떼어 심을 수 있고, 꽃이 피고 열매가 맺힌 후에는 어미포기가 죽어버리는데 그 주위에 작은 새로운 개체가 많이 생기므로 이를 옮겨심는 것도 좋다. 꽃이 피기 전에 꽃대를 미리 잘라주면 옆에서 나오는 새끼포기가 많아지므로 이들을 떼어 심으면 더 빠르게 자리를 잡는다. 11월에 종자가 맺힌 마른 줄기를 잘라 그늘에서 말려 쏟아진 씨앗을 모아두었다가 이듬해 봄에 뿌린다. 장마 전에 옮겨심으면 2년째에 꽃이 피고 포기가 소멸한다.

● **유사종 _** 근래 들어 다육식물의 인기가 높아지고 있지만, 돌나물과 식물은 우리 눈에 쉽게 띄지 않고 관심도 별로 없었기 때문에, 유심히 관찰하지 않으면 바위솔은 다 같은 것으로 생각하기 쉽다. 그러나 바위솔은 잎의 모양과 색이 다른 유사종이 여러 가지 있을 뿐 아니라 변이종도 많이 발견되고 있다.

둥근바위솔(*O. malacophyllus*)은 바위솔 중 가장 인기있는 것으로, 해안가 바위나 모래밭에서 자란다. 잎 끝이 둥글고 식물체 전체에 분백색이 돌며 자태가 아름다워 관상가치가 높다.

연화바위솔(*O. iwarenge*)은 제주도 바닷가의 절벽에 자란다. 잎이 방석처럼 납작하게 퍼진 것이 연꽃 모양이어서 '연화바위솔'이라는 이름이 붙었다. '바위연꽃'이라고도 부른다.

좀바위솔(*O. minutus*)은 '애기바위솔'이라고도 하는데 경상북도, 충청북도, 경기도 이북의 고산 바위에 자란다.

우리가 주변에서 흔히 접할 수 있고 식별하기도 가장 쉬운 난쟁이바위솔(*Meterostachys sikokiana*)은 이름은 같은 바위솔이지만 속이 다른 난쟁이바위솔속(*Meterostachys*)이다. 깊은 산 바위틈에 자라며, 다른 바위솔에 비해 키가 작아 10센티미터 내외로 자라고, 잎도 1센티미터 정도밖에 안 되며 가늘고 끝이 뾰족하다. 8~9월에 흰색 또는 붉은색 꽃이 핀다.

연화바위솔

산국

I dye youn Park

과명	국화과(Compositae)	학명	*Chrysanthemum boreale* Makino
다른 이름	황국, 개국화, 야국, 고의	개화기	9~10월

산에 피는 국화, 산국

가을에 들녘이나 산자락, 언덕진 들판에서 쉽게 만날 수 있는 가을꽃이다. 감국과 매우 유사해 혼동하기 쉽다. 산국은 키가 1~1.5미터로 자란다. 잎은 어긋나고(호생) 긴 타원형이며 감국보다 여러 갈래로 잘고 깊게 갈라진다. 감국에 비해 잎의 질이 얇고 갈래조각이 뾰족한 편이다. 9~10월에 작은 노란 꽃이 피는데, 감국의 꽃이 달콤한 향기가 진한 것에 비해 산국은 진한 쑥향이 난다.

● **꽃 피는 시기**_ 9~10월에 지름이 1.5센티미터 정도 되는 노란 꽃이 핀다.

● **이용**_ 꽃은 두통이나 현기증에 사용하며, 술을 담글 때 향료로 쓰기도 한다.

● **재배 및 관리**_ 토양은 가리지 않는 편이나 비옥한 곳에서 잘 자란다. 충분한 빛을 필요로 하며 건조에는 강한 편이다. 씨뿌리기, 포기나누기 및 꺾꽂이로 번식시킨다.

쑥부쟁이

S M Lee '09

| 과명 | 국화과(Compositae) | 학명 | *Aster yomena* Makino | 개화기 | 7~10월 |

보라색 들국화, 쑥부쟁이

우리는 가을에 들에 피는 국화를 그저 들국화라고 생각한다. 들국화들도 저마다 모양이 다르고 이름도 다양한 걸 알고 있지만, 이름의 주인공을 정확히 알고 있는 사람은 많지 않다. 쑥부쟁이도 그런 들국화들 중 하나인데, 꽃이 보라색이라는 것이 쑥부쟁이를 쉽게 구별할 수 있는 특징이다.

쑥부쟁이는 산과 들의 습기가 있는 곳에 자라는 여러해살이풀이다. 키가 30~100센티미터이고, 뿌리줄기가 옆으로 길게 자라며, 처음 새싹이 나올 때는 붉은빛이 강하지만 자라면서 녹색 바탕에 자줏빛이 돈다. 줄기잎은 어긋나고(호생) 피침 모양으로 털이 없다. 가장자리에 굵은 톱니가 있는 점이 개쑥부쟁이와 다르다.

'쑥부쟁이'라는 이름은 '쑥을 캐러 다니는 불쟁이(대장장이) 딸'에서 유래되었다고 한다. 가난한 대장장이의 큰딸이 병든 어머니와 동생들을 위해 쑥을 캐러 다녀 마을 사람들이 '쑥부쟁이'라고 불렀다. 그녀가 사모하는 이와의 사랑을 이루지 못하고 임을 그리다가 실수로 절벽에서 떨어졌는데, 그곳에 돋아난 꽃을 '쑥부쟁이'라고 했다는 전설이 있다.

● **꽃 피는 시기 _** 여름(7월)부터 피기 시작해 늦가을(10월)까지 계속 꽃이 핀다. 원줄기와 가지 끝에 한 송이씩 달린다. 11월에 열매가 익는다.

● **이용 _** 어린순은 나물로 먹는다. 또 꽃이 피는 기간이 길어 가을 화단을 정겹게 장식할 수 있는 조경 재료로 유용하다. 약으로 쓸 때는 감기로 목이 부었을 때, 기관지염, 유방염 등에 처방한다. 민간에서는 해독작용이 있다 하여 뱀에 물렸을 때 찧어 바르기도 한다.

● **재배 및 관리_** 생명력과 번식력이 강하기 때문에 별로 신경쓰지 않고도 잘 키울 수 있는 식물이다. 어느 토양에서나 잘 자라고 추위와 건조에도 잘 견디기 때문에, 빛이 잘 들고 배수가 잘 되는 곳에 심으면 별탈없이 잘 자란다. 번식이 잘 되는 식물이라 기르기도 쉽고 산야에 무리를 이뤄 자라지만, 공기 유통이 원활하지 않으면 역병 등의 병에 노출되어 군락이 없어지기도 한다.

번식은 씨뿌리기, 꺾꽂이, 포기나누기로 가능하다. 늦가을에 종자를 채취해 바로 뿌리거나 이듬해 봄에 뿌린다. 쉽게 싹이 트므로 본잎이 2~3매 나오면 바로 정식하거나 1차로 작은 화분에 옮겨 조금 더 키운 다음 아주 심는다. 포기나누기는 봄과 가을에 하며 묵은 포기를 나누어 심는다. 늦은 봄에 순지르기를 하면 키가 작아지고 꽃도 많아진다. 이때 잘라낸 가지로 꺾꽂이를 하기도 한다. 줄기를 2~3마디로 자르고 잎을 한 개 붙여 모래상자에 꽂고 물관리를 잘해주면 된다.

● **유사종_** 우리나라에서 자라는 쑥부쟁이류는 열 가지가 넘는다.

실제로 우리가 들판에서 가장 많이 볼 수 있는 것은 쑥부쟁이가 아니라 개쑥부쟁이(A. ciliosus)라고 하는데, 줄기가 곧게 서고 가지를 친다. 전체적으로(열매에도) 긴 털이 나 있는 것이 특징이라, '큰털쑥부쟁이'라고도 부른다. 쑥부쟁이보다 꽃송이와 포기가 더 큰 편이다.

섬쑥부쟁이(A. glehni)는 자생지인 울릉도에서는 '부지깽이나물'이라고 하는 유명한 나물거리다.

누운쑥부쟁이(A. hayatae)는 제주도 한라산에서 자생한다.

가새쑥부쟁이(A. incisus)는 잎에 결각이 가위처럼 아주 깊게 졌다.

까실쑥부쟁이(A. ageratoides)는 윗부분에서 가지가 거칠게 갈라지고 잎

도 표면이 거칠어 까슬까슬하게 느껴지는 것이 특징이며, 꽃은 10~11월
에 피어 늦가을을 장식한다.

갯쑥부쟁이(*A. hispidus* Thunb.)는 바닷가의 암석지대나 전국 산야의 빛이
잘 드는 곳에 자라는 두해살이풀이다. 갯쑥부쟁이라는 이름은 개울가(갯
가)에 자생하는 쑥부쟁이라는 뜻이다. 줄기가 밑에서부터 여러 대로 갈라
져서 비스듬히 서고, 30~100센티미터로 자란다. 줄기잎은 어긋나고 다닥
다닥 붙어 있으며, 잎이 조금 두꺼운 편이고 양면에 털이 있어 껄끄럽고
가장자리에도 안으로 굽은 털이 있다. 줄기와 가지 끝에 보라색 꽃이 핀
다. 어린잎은 식용한다.

갯쑥부쟁이

용담

2008. 8. SuH

과명 용담과(Gentianaceae)　학명 *Gentiana scabra* var. *buergeri* Maxim.　개화기 8~10월

뿌리가 용의 쓸개만큼이나 쓴맛을 내는 용담

제주도를 비롯한 전국의 산에서 흔하게 볼 수 있는 여러해살이풀로, 8~10월에 보라색의 통꽃이 핀다. 용(龍)의 쓸개(膽)에서 유래된 이름이라고 하는데, 뿌리의 쓴맛이 용의 쓸개와 같다고 하니, 그 쓴맛을 짐작할 수 있다. 실제로 용담의 뿌리에는 쓴맛을 내는 겐티오피크린(gentiopicrin)이라는 성분이 있는데, 이는 침과 위액의 분비를 촉진시키고 장운동을 활성화해 식욕을 증진시키는 효능이 있다고 한다.

키가 20~60센티미터이고, 줄기는 똑바로 자라다가 꽃이 필 때는 옆으로 눕는다. 잎은 길쭉하고 잎자루 없이 마주난다(대생).

● **꽃 피는 시기**_ 8~10월에 청남색 종 모양 꽃이 줄기 끝이나 잎겨드랑이에서 한 송이 또는 여러 송이 핀다. 꽃잎 끝이 다섯 갈래로 갈라진다.

● **이용**_ 주로 관상용이다. 어린싹과 잎의 부드러운 부분은 식용하고, 뿌리는 약용하는데 풍한, 각기, 수종 등의 치료에 효과가 있다고 한다.

● **재배 및 관리**_ 부식질이 풍부한 점질양토에서 잘 자란다. 화분에 심을 때는 마사토에 부엽을 20퍼센트 정도 섞어 쓴다. 물을 좋아하는 편이므로 흙이 마르지 않도록 주의한다. 햇빛이 잘 드는 곳이나 반그늘에서 키우는 것이 좋다. 번식은 포기나누기와 씨뿌리기로 한다. 분갈이를 게을리 하면 포기가 노화되어 아래 잎이 말라 죽으면서 생육이 나빠지므로 해마다 분갈이를 하면서 동시에 포기나누기로 번식시킨다. 포기나누기는 이른 봄 눈이 움직이기 전에 하는 것이 좋다.

층꽃나무

Haejeong 2009. 6

Haejeong 2009. 7

과명	마편초과(Verbenaceae)	학명	*Caryopteris incana* Miq.
다른 이름	층꽃풀, 난향초	개화기	9~10월

층층이 꽃이 피는 층꽃나무

제주도와 다도해의 도서 지방 및 영·호남 지역의 빛이 잘 드는 풀밭에서 자라는 여러해살이풀이다. 아랫부분이 목화(木化)하기 때문에 이름에 '나무'라는 말이 들어가지만 '층꽃풀'이라고도 부른다. 키가 30~60센티미터이고, 지상부는 겨울에 죽는다. 어린가지에 적갈색·흰색 털이 밀생하며, 잎은 마주나고(대생), 잎자루는 길이가 1센티미터 정도다. 잎몸은 길이 3~8센티미터에 너비 2~3센티미터의 긴 타원형이며, 가장자리에는 뾰족하지 않은 톱니가 있다. 잎의 앞면은 짙은 녹색이고 털이 느슨히 난 반면, 뒷면은 회백색이고 털이 빽빽이 나 있다. 은은한 향기가 나기 때문에 난향초(蘭香草)라는 또 다른 이름으로도 불린다. 작은 보라색 꽃이 몰려피지만 흰 꽃이 피는 흰층꽃나무(*C. incana* for. *candida*)도 있다.

● **꽃 피는 시기 _** 9~10월에 작은 보라색 꽃이 20~30송이씩 잎겨드랑이에 모여 층층이 핀다.

● **이용 _** 절화로 이용하거나 정원 등에 심어 관상한다. 밀원(蜜源) 식물이기도 하다.

● **재배 및 관리 _** 햇빛이 잘 들고 배수가 잘 되며 비료기가 많지 않은 토양에 심는다. 건조에 강하므로 특별히 관리하지 않아도 잘 자란다. 씨뿌리기와 포기나누기로 증식한다. 포기나누기는 이른 봄 싹이 움직이기 전에 한다.

해국

Myungsub Kim '11.

| 과명 | 국화과(Compositae) | 학명 | *Aster spathulifolius* Max. | 개화기 | 7~11월 |

겨울 길목까지 피는 바닷가 들국화, 해국

제주도와 남·중부 해안의 바위 위에 자생하는 여러해살이풀로, 바닷가에 자라는 국화라 하여 해국(海菊)이라 한다. 포항 대보면 해안과 울산 대왕암에 대군락지가 있다.

바닷가에 사는 해국은 키가 작아 15센티미터 내외지만 들에서는 40센티미터까지도 자란다. 비스듬히 자라며 밑부분은 여러 갈래로 갈라진다. 겨울에 잎이 말라 죽지만 줄기의 밑동은 나무처럼 굳어 살아 있다. 두툼한 잎은 다닥다닥 붙어 있어 뭉쳐나는(총생) 것 같아 보여도 어긋나며(호생), 방석 모양으로 둥글게 배열한다. 주걱 모양의 타원형 잎 끝은 둔하고 밑부분은 뾰족하며, 앞·뒷면에 우단과 같은 흰 털이 덮여 있다. 종명(*spathulifolius*)은 '주걱 모양의 잎'이라는 뜻이다.

● **꽃 피는 시기**_ 여름(7월)부터 11월까지 꽃이 핀다. 혀 모양의 꽃잎(舌狀花)는 연보라색이고, 관 모양의 통꽃(管狀花)은 노란색이다.

● **이용**_ 화분이나 화단에 심어 관상한다. 특히 암석원에 심으면 좋다.

● **재배 및 관리**_ 바람이 잘 통하는 거친 땅에 심는다. 과습하면 짓무른다. 넓고 낮은 화분에, 밑에는 굵은 마사토를 깔고 그 위에 20퍼센트 정도의 부엽을 섞은 마사토를 3분의 2 정도 넣은 후, 채로 쳐 가루를 뺀 마사토를 산처럼 쌓아올린 다음 해국을 심는데, 잔뿌리가 닿는 곳에는 부엽을 깔아준다. 물을 너무 주지 말고 마른 듯 키우면 키가 많이 자라지 않는다. 해마다 분갈이를 하면서 포기나누기를 해 증식한다.

| 화가별 수록 그림 |

| 찾아보기 |